Lecture Notes in Mathematics

Edited by A. Dold and B. Eckmann

T0219972

586

Séminaire d'Algèbre Paul Dubreil Paris 1975–1976 (29ème Année)

Edited by M. P. Malliavin

Springer-Verlag
Berlin · Heidelberg · New York 1977

Editor

Marie Paule Malliavin
Université Pierre et Marie Curie,
10, rue Saint Louis en l'Ile
75004 Paris, France

AMS Subject Classifications (1970): 10C20, 13D20, 13E20, 13F20, 14E20, 14F20, 16-02, 17B20, 18G20, 20C20, 20E20, 20M20, 32C20

ISBN 3-540-08243-3 Springer-Verlag Berlin · Heidelberg · New York
ISBN 0-387-08243-3 Springer-Verlag New York · Heidelberg · Berlin

Printed in Germany

Printing and binding: Beltz Offsetdruck, Hemsbach/Bergstr.
2141/3140-543210

C'est en novembre 1947 qu'Albert CHÂTELET, Professeur à la Sorbonne, fonda le "Séminaire d'Algèbre et de Théorie des Nombres". Jusqu'en 1954, il en partagea la direction avec Paul DUBREIL auquel vinrent s'adjoindre, un an plus tard, Charles PISOT, puis Marie-Louise DUBREIL-JACOTIN en 1957 et Léonce LESIEUR en 1962. A partir de 1971, ce séminaire fût consacré à peu près uniquement à l'Algèbre, Charles PISOT ayant fondé, avec Hubert DELANGE, un séminaire de Théorie des Nombres.

Depuis la retraite de Paul DUBREIL, en 1974, la direction de ce Séminaire d'Algèbre, rattaché à l'Université Pierre et Marie Curie (Paris VI) est assurée par Marie-Paule MALLIAVIN.

Le Séminaire s'efforce de remplir deux rôles principaux : diffuser des Théories actuelles encore peu connues et donner aux algébristes l'occasion d'exposer les progrès récents qui leur sont dus. Un coup d'oeil sur la liste complète des Conférenciers (ci-dessous, par ordre alphabétique) permettra de voir comment ce double objectif a été poursuivi :

ABBOTT J. - ALMEIDA COSTA A. - AMARA M. - AMICE Y.- AMITSUR S.A. -
ANSCOMBRE J.C. - AUBERT K.E. - AYOUB C. - AULT J.
BAER R. - BARAÑANO E. - BASS H. - BASS J. - BEHANZIN L. - BEHRENS E.A. -
BENABOU J. - BENOIS M. - BENZAGHOU B. - BENZAKEN C. - BERAN L. - BERTIN J.E.-
BERTRAND M. - BERTRANDIAS F. - BIGARD A. - BIRKHOFF G.- BLOCH R. - BLYTH T.S.
BOASSON L. - BORŮVAK O. - BOULAYE G.- BOUVIER A. - BRAUER R. - BROUE M. -
BRZOZOWSKI D. - BUCHSBAUM D.A. -
CAILLEAUD A. - CALAIS J. - CĂZĂNESCU V.E. - CELEYRETTE J. - CHABAUTY C. -
CHACRON M. - CHADEYRAS M. - CHAMARD J.Y. - CHAMFY Ch. - CHARLES B. -
CHÂTELET F. - CLIFFORD A.H. - COELHO M. - COHN P.M. - CONRAD P.F. -
COURREGE Ph. - CRESTEY M. - CROISOT R. - CURZIO M. -
DAVENPORT H. - DECOMPS-GUILLOUX A. - DEHEUVELS R. - DELANGE H. -
DESCOMBES R. - DESQ R. - DIEUDONNE J. - DJABALI M. - DLAB W. - DRESS. F. -
DUBIKAJTIS L. - DUBREIL P. - DUBREIL-JACOTIN M.L. -
EGO M. - EISENBUD D. - ENGUEHART M. - EYMARD P.
FAISANT A. - FERRANDON M. - FLEISCHER I.- FORT J. - FOSSUM R.M. -
FOUQUES A. - FUCHS L.-FARES N. -
GABRIEL P. - GAUTHIER L. - GERENTE A. - GERMA M.CH. - GOLDIE A.W. -
GRANDET-HUGOT Marthe - GRAPPY J. - GRILLET P.A. - GROSSWALD E.-
GUERINDON J. - GUILLEVIN C. -
HACQUE M.- HERZ J.C. - HOFMANN K.H. - HUDRY A. - HUNTER R.P. -
ISHAQ M. - JACOBSON N. - JAFFARD P. - JEBLI A. - JOULAIN C. -
KAHANE J.P. - KALOUJNINE L. - KEGEL O.H. - KEIMEL K. - KLASA J. - KLOCHIN E.R.
KOLI BIAROKA B. - KOSKAS M.- KOSTANT B. - KRASNER M. - KRISHNAN V. -
KRULL W. - KUNTZMANN J. - KUROŠ A.G. -
LAFON J.P. - LALLEMENT G. - LAMBEK J. - LAMBOT de FOUGERES D. - LAPSCHER F.-
LATSIS D. - LAZARD M. - LECH Ch.- LEDERMANN W. - LEFEBVRE P. - LESIEUR L. -
LEVY-BRUHL J. - LEVY-BRUHL P. - LICHTENBAUM S. - LOMBARDO-RADICE L. -
MAC DONALD I.G. - MACLANE S. - MC PHERSON R.D. - MALEK M. -
MALLIAVIN-BRAMERET M.P. - MARCHIONNA E. - MAROT J. - MATRAS Y. -
MATTENET G. - MAURY G. - MENDES-FRANCE M. - MERLIER Th.- MICALI A. -
MICHEL J. - MILLER D.D. - MOLINARO I. - MOTAIS de NARBONNE L. - MUNN W.D.-
NAGATA M.- NEUMAN B.H. - NICOLAS A.M.- NIVAT M. - NORTHCOTT D.G. -
O CARROLL L. - OCHS A. - OEHMKE R.H. - ORTHEAU J.P. -
PAUGAM M.- PAYAN J.J. - PEINADO R.E. - PERROT J.F. - PETIT J.C. - PERRIN D. -
PETRESCO J. - PETRICH M. - PICHAT E. - PICKERT G. - PISOT Ch. - PITTI CH.-
POITOU G. - PRESTON G.B. -
RAFFIN R. - RAUZY G. - RAVEL J. - READ J.A. - REES D. - RENAULT G. - REVOY Ph.-
RHODES J. - RIABUKHIN J.M. - RIBENBOIM P.- RIGUET J.- ROUX B.- RUEDIN J.-
SAITO T. - SAKAROVITCH J.- SALLES D.- SAMUEL P.- SCHÜTZENBERGER M.P. -
SCHWARZ Š.- SCOTT D.B.- SERRE J.P.- SPRINGER T.A.- STEINFELD O.- STROOKER J.-
SZPIRO L. -

TAFT E.J. - TAMARI D. - TAMURA T - TEISSIER-GUILLEMOT M. - THIBAULT R. -
THIERRIN G. - TISSERON Cl. -
VAN DER WAERDEN B.L. - VAN METER K.M. - VIDAL R. - VIENNOT G. - VINCENT Ph
VORS. G. -
WASCHNITZER G- WILLE R. - WOLFENSTEIN S. -
ZARISKI O. - ZERVOS S. - ZISMAN M. -

Table des Matières

J O U R N E E S S U R L E S D E M I-G R O U P E S

organisées avec le concours de Jean-François PERROT

ENRICHED FREE RESOLUTIONS AND CHANGE OF RINGS

by David EISENBUD

The author is grateful for the support of the Alfred P. Sloan foundation and the hospitality of the Institut des Hautes Etudes Scientifiques during the preparation of this work.

Let A be a commutative local ring ang let $B = A/I$ be a factor ring. In [B-E] it is shown that any A-free resolution of B possesses the structure of a homotopy-associative, commutative differential graded algebra. This algebra structure, which generalizes the exterior algebra structure of the Koszul complex, can be quite useful in the analysis of free resolutions (The results of [B-E] are one example). The idea of its construction is as follows : If

$$\mathbb{F} : \ldots \longrightarrow F_2 \longrightarrow F_1 \longrightarrow A$$

is an A-free resolution of B , then $S_2(\mathbb{F})$, the symmetric square of $\mathbb{F}$, inherits the structure of a complex from $\mathbb{F} \otimes \mathbb{F}$. The first few terms of $S_2(\mathbb{F})$ are as follows :

$$\cdots \longrightarrow F_4 \otimes A \longrightarrow F_3 \otimes A \longrightarrow F_2 \otimes A \longrightarrow F_1 \otimes A \longrightarrow S_2(A)$$

$$\cdots \longrightarrow F_3 \otimes F_1 \longrightarrow F_2 \otimes F_1 \longrightarrow \wedge^2 F_1 \qquad\qquad A$$

$$\cdots \longrightarrow S_2(F_2)$$

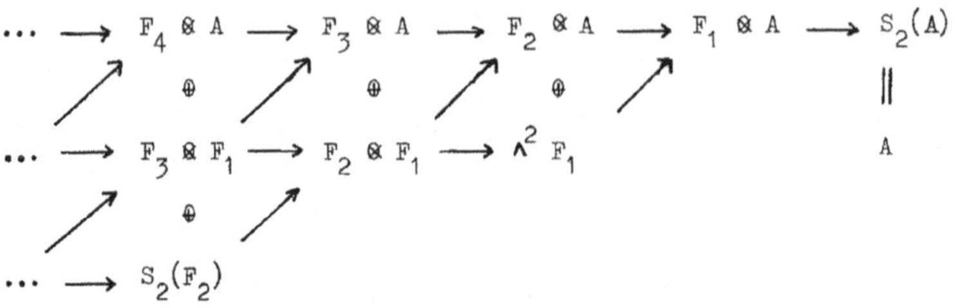

The natural isomorphism $F_i \otimes A \longrightarrow F_i$ extends, uniquely up to homotopy, to a map of complexes $S_2(\mathbb{F}) \longrightarrow \mathbb{F}$, and this map, combined with the natural map :

$$\mathbb{F} \otimes \mathbb{F} \longrightarrow S_2(\mathbb{F})$$

acts as the multiplication map for the algebra structure on $\mathbb{F}$.

What about the resolution of a module ? If M is an A-module annihilated by I-that is, if M is a $B = A/I$ -module- and if $\mathcal{C}$ is a free resolution of M, then the natural map $B \otimes_A M \longrightarrow M$ extends, uniquely up to homotopy, to a map :

$$\mathbb{F} \otimes_A \mathcal{C} \longrightarrow \mathcal{C}$$

which makes $\mathcal{C}$ into a homotopy associative, differential graded $\mathbb{F}$-module.

In [B-E] we conjectured that the comparaison map $S_2(\mathbb{F}) \longrightarrow \mathbb{F}$, above, could be chosen in such a way that the algebra structure on $\mathbb{F}$ is associative (not just up to homotopy). It seems reasonable to extend this and to conjecture that, with a suitable associative algebra structure on $\mathbb{F}$, the resolution $\mathcal{C}$ can be made into an associative $\mathbb{F}$-module.

Consider now the case in which I is generated by a regular sequence, so that $\mathbb{F}$ is the Koszul complex, which is naturally an (associative) differential graded commutative algebra (in fact the underlying algebra is an exterior algebra). In this case it is easy to say what an $\mathbb{F}$-module structure on $\mathcal{C}$ looks like (see Proposition 1), and in certain cases-for example when the module M resolved by $\mathcal{C}$ is just the residue class field-it is clear that one exists. Moreover, if one examines the construction, due to Tate, of a B-free resolution of the residue class field from an A-free resolution, one sees that the data required by Tate to make the construction is equivalent to the data involved in constructing an $\mathbb{F}$-module structure on $\mathcal{C}$.

One problem in extending Tate's idea to resolution $\mathbb{G}$ of an arbitrary B-module M is the possible non-associativity of $\mathbb{G}$. In this paper we will show (Theorem 2) how an analogue of Tate's construction can be carried through, for arbitrary $\mathbb{G}$, (but always under the assumption that $\mathbb{F}$ is a Koszul complex) by considering not only the algebra structure on $\mathbb{G}$ but also a sort of "higher homotopy associativity" that $\mathbb{G}$ satisfies even if it is not associative (Theorem 1).

It would be interesting to know the right generalization of this "higher homotopy associativity" for more general (perhaps non-associative) $\mathbb{F}$, and to know how, in general, to derive resolutions over B from resolutions over A (The evidence in [Lev] and [Ar] seems to point to the introduction of matric Massey products for this purpose).

From now on, suppose that $I = (x_1, \ldots, x_n)$ where $x_1, \ldots, x_n$ form an A-sequence. The minimal free resolution of $B = A/I$ is then the Koszul complex :

$$\Lambda : 0 \longrightarrow \Lambda^n A^n \longrightarrow \ldots \longrightarrow \Lambda^3 A^n \xrightarrow{\delta} \Lambda^2 A^n \xrightarrow{\delta} A^n \xrightarrow{\delta} A .$$

Choose a basis $\varepsilon_1, \ldots, \varepsilon_n \in A^n$ so that $\delta : \varepsilon_i \longmapsto x_i \in A$. The following is immediate from the definition of a differential graded module :

<u>Proposition</u> 1 - <u>If</u>

$$\mathbb{G} : \ldots \xrightarrow{\partial} G_k \xrightarrow{\partial} G_{k-1} \xrightarrow{\partial} \ldots$$

<u>is a differential graded A-module, then an associative differential graded</u> Λ<u>-module structure on</u> $\mathbb{G}$ <u>is equivalent to a set of</u> n <u>maps of graded A-modules of degree</u> +1 :

$$s_1, \ldots, s_n : \mathbb{G} \longrightarrow \mathbb{G}$$

<u>satisfying</u> :

(1) $\quad s_i \partial + \partial s_i = x_i \, . \, 1$

(2) $\quad s_i s_j = - s_j s_i \, , \; s_i^2 = 0 \, .$

Now if $\mathbb{G}$ is an A-free resolution of a B-module M, then multiplication by x_i is 0 in M, so $x_i . 1 : \mathbb{G} \longrightarrow \mathbb{G}$ is homotopic to 0 ; to say that $s_i : \mathbb{G} \longrightarrow \mathbb{G}$ is a homotopy for $x_i . 1$ is exactly condition (1) of the proposition, so maps satisfying condition (1) do indeed exist (Alternatively, these maps could be constructed by choosing a map of complexes $\Lambda \otimes \mathbb{G} \longrightarrow \mathbb{G}$ and regarding the induced map $A^n \otimes \mathbb{G} \longrightarrow \mathbb{G}$ as giving n maps $\mathbb{G} \longrightarrow \mathbb{G}$ of degree 1). Unfortuneatly there is no reason why an arbitrarily choosen set of maps s_i should satisfy (2).

On the other hand, the homotopy-uniqueness of the s_i implies that $s_i s_j - s_j s_i$ is at least homotopic to 0. Theorem 1 extends this remark and tells us what we may expect from a random choice of homotopies.

We first introduce some multi-index conventions. A multi-index (of length n) is a sequence :

$$\alpha = < \alpha_1 , \ldots , \alpha_n >$$

where each α_i is an integer ≥ 0. We write :

$$0 = < 0 , \ldots , 0 > \quad .$$

The order of a multi-index is :

$$|\alpha| = \sum_{i=1}^{n} \alpha_i \; .$$

The sum $\alpha + \beta$ is defined as $< \alpha_1 + \beta_1 , \ldots , \alpha_n + \beta_n >$.

Theorem 1 - Let A be a ring and let M be an A-module which is annhilated by elements $x_1 , \ldots , x_n \in A$. Suppose the ideal $(x_1 , \ldots , x_n)$ contains a non zero divisor. If $\mathcal{G}$ is a free resolution of M, then there are endomorphisms s_α of degree $2|\alpha| - 1$ of $\mathcal{G}$ as a graded module, for each multi-index α, satisfying :

i) s_0 is the differential of $\mathcal{G}$;

ii) If α is the multi-index $< 0 , \ldots , 0,1,0 , \ldots , 0 >$ (1 in the jth place) then the map

$$s_0 s_\alpha + s_\alpha s_0$$

is multiplication by x_j :

iii) If γ is a multi-index with $|\gamma| > 1$, then

$$\sum_{\alpha + \beta = \gamma} s_\alpha \; s_\beta = 0 \; .$$

Proof of theorem 1. Beginning with the definition $s_0 = \partial$, we will construct the s_α by induction on $|\alpha|$.

Condition ii) is the assertion that s_α, for $\alpha = < 0 , \ldots , 0,1,0 , \ldots , 0 >$ (with 1 in the jth-place) is a homotopy for multiplication by x_j. Since $x_j M = 0$, multiplication by x_j is indeed homotopic to 0 on $\mathcal{G}$, so the existence of s_α for $|\alpha| = 1$ satisfying condition ii) is assured.

Now suppose s_α have been constructed for α with $|\alpha| < |\gamma_0|$, for some γ_0. Set

$$\varepsilon = - \sum_{\substack{\alpha + \beta = \gamma_0 \\ |\alpha| < \gamma_0 \\ |\beta| < \gamma_0}} s_\alpha \, s_\beta \quad ;$$

we search for a map s_{γ_0} with $s_{\gamma_0} s_0 + s_0 s_{\gamma_0} = \varepsilon$, where s_0 is the differential of $\mathcal{G}$. Since $s_0^2 = 0$, any map of the form $ss_0 + s_0 s$ must commute with s_0. A straightford but tedious computation, using i), ii) and iii) with $|\gamma| < |\gamma_0|$, shows that, indeed, $\varepsilon s_0 = s_0 \varepsilon$. The next lemma thus finishes the proof.

<u>Lemma</u> - <u>Let</u> $\mathcal{G}$ <u>be a free resolution of an A-module</u> M, <u>and suppose that the annihilator of</u> M <u>contains a non zero divisor</u>. <u>Let</u> $\varepsilon : \mathcal{G} \longrightarrow \mathcal{G}$ <u>be an endomorphism of degree</u> $k > 0$ <u>of</u> $\mathcal{G}$ <u>as a graded module, and let</u> s_0 <u>be the differential of</u> $\mathcal{G}$. <u>Then there exists an endomorphism</u> s <u>of</u> $\mathcal{G}$ <u>as a graded module such that</u> :

$$s_0 s + ss_0 = \varepsilon$$

<u>if and only if</u> :

$$s_0 \varepsilon = \varepsilon s_0$$

<u>Proof of the lemma</u> : The necessity of the condition is obvious ; we prove the sufficiency. Since $\varepsilon : \mathcal{G} \longrightarrow \mathcal{G}$ commutes with s_0, it is an endomorphism of $\mathcal{G}$ as a complex of degree $k > 0$. But since M is annihilated by a non zero divisor, the induced map :

$$M = \mathrm{Coker}\,(G_1 \longrightarrow G_0) \longrightarrow \mathrm{Coker}\,(G_{k+1} \longrightarrow G_k) \subset G_{k-1}$$

must be 0. Thus ε is homotopic to 0 ; that is, there exists a map s such that $\varepsilon = s_0 s + ss_0$.

Returning to the case in which $x_1, \ldots, x_n$ is an A-sequence, we will use the maps constructed in Theorem 1 (which should be thought of as giving an "approximate' differential graded Λ-module structure) to construct a B-free resolution of M.

Theorem 2 - *Let* A *be a ring, and let* $x_1, \dots, x_n$ *be an A-sequence. Set* $B = \frac{A}{(x_1, \dots, x_n)}$ *, and let* $\mathbb{G}$ *be an A-free resolution of a B-module* M . *Let* $\{s_\alpha\}$ *be a family of endomorphisms of* $\mathbb{G}$ *as a graded module satisfying the conditions of Theorem 1. Finally, let* $t_1, \dots, t_n$ *be variables of degree* -2 , *and set*

$$\mathbb{D} = D(B^n) = \mathrm{Hom}_{\text{graded B-modules}} (B\,[t_1, \dots, t_n]\,, B) \quad ,$$

with the natural structure of a $B\,[t_1, \dots, t_n]$*-module. The graded B-module* $\mathbb{D} \otimes \mathbb{G}$, *equipped with the differential*

$$\partial = \sum_\alpha t^\alpha \otimes s_\alpha$$

is a B-free resolution of M .

Remarks :

1) Writing $\tau_1, \dots, \tau_n$ for the dual basis to $t_1, \dots, t_n$, so that $\tau^{(\alpha)} = \tau_1^{(\alpha_1)} \dots \tau_n^{(\alpha_n)}$ is a dual basis of $\mathbb{D}$ to the base of monomials we see that $t^\alpha(\tau^{(\beta)}) = 0$ for all α with $|\alpha| > |\beta|$, so that $\partial_{\mathbb{D} \otimes \mathbb{F}}$ is well defined even though the sum involved is formally infinite.

2) It is interesting to compare the construction given in theorem 2 with those given by Gulliksen in [G] , which may be described as follows : let $\Lambda^+ = \sum_{i>0} \Lambda^i A^n + \partial A^n$ be the "augmentation ideal" of Λ (so that $\Lambda/\Lambda^+ \cong B$). Let $\mathbb{G}$ be a Λ-free resolution of the B-module M , regarded as a Λ-module by the map $\Lambda \longrightarrow B$. Then

$$\bar{\mathbb{G}} = \Lambda/\Lambda^+ \otimes_\Lambda \mathbb{G}$$

is a B-free resolution of M).

Rather than prove Theorem 2, we refer the reader to [E] , and close with a problem :

Problem : Let A be a regular local ring. Which B-modules have minimal resolutions of the form $\mathbb{D} \otimes \bar{\mathbb{G}}$ given in Theorem 2 (or the form $\Lambda/\Lambda^+ \otimes_\Lambda \mathbb{G}$ given above) ?

REFERENCES

[Av] L.L. AVRAMOV : On the Hopf algebra of a local ring - Math USSR - Izvestija Vol 8 (1974) n° 2 p. 259-284.

[B-E] D.A. BUCHSBAUM and D. EISENBUD : Algebra structures for finite free resolutions and some structure theorems for ideals of codimension 3, to appear.

[E] D. EISENBUD : Homological Algebra on a Complete Intersection, to appear.

[G.L] T. GULLIKSEN and G. LEVIN : Homology of local rings, Queen's Papers in Pure and Applied Mathematics n° 20, 1969, Queen's University, Kingston, Ontario.

[Lev.] G. LEVIN : Local rings and Golod homomorphisms J. of Alg. Vol 37, n° 2 1975, pp. 266-289.

[G] TOR.H. GULLIKSEN : A change of ring theorem with applications to Poincaré séries and intersection multiplicity. Preprint séries n° 15. Institute of Mathematics University of Oslo 1973.

Manuscrit reçu le 10 Décembre 1975

Note (Added 24/5/76) - I am grateful to D. Rees for having pointed out to me that in the case of a complete intersection of codimension 1, the above results, with a slight sharpening, were obtained by J. Schamash (in sections 2 and 3 of "The Poincaré series of a local ring", J of Algebra 12 (1969) pp. 453-470).

Note (Added 25/1/77) Avramov has kindly informed me that the appendix of [AV] contains an example of a cyclic module over a power series ring in 4 variables whose minimal free resolution (which has length 4) admits no associative commutative algebra structure. This of course settles the conjecture quoted above from [B-E] .

SOLUTION DU PROBLEME DE SERRE PAR QUILLEN-SUSLIN

par David EISENBUD

Le problème de Serre

C'est le suivant : "Soit k un corps. Est-ce que tout module projectif de type fini sur un anneau de polynômes $k[X_1, \ldots, X_n]$ est libre ?" .

Curieusement, le problème est plus facile (la réponse étant "oui") si le module n'est pas de type fini (Voir [Bass 1]). Dès maintenant, nous parlerons seulement des modules de type fini.

Ce problème était posé par Serre dans [Fac] par analogie avec les fibrés vectoriels. En peu de mots, on a pour de bons espaces topologiques X une équivalence de catégories entre les fibrés vectoriels de dimension finie sur X et les modules projectifs de type fini sur C(X), l'anneau des fonctions continues sur X à valeurs dans le corps des nombres réels (voir [Swan]). Dans le cas topologique, il y a des relations intéressantes entre la catégorie des fibrés et la topologie de X . L'exemple le plus banal : si X est contractile, tout fibré vectoriel est trivial et le module correspondant est libre. Pour voir l'analogie avec le cas algébrique, on suppose que X est une variété algébrique affine et on remplace C(X) par l'anneau de coordonnées $\Gamma(X)$. Est-ce que la relation entre la topologie de X et les propriétés des modules projectifs persiste ? Par exemple, $\mathbb{R}^n$ et $\mathbb{C}^n$ sont les plus contractiles des espaces. On est arrivé au problème de Serre.

Cette année (en Janvier ou Février semble-t-il) le problème était résolu simultanément par Quillen, à Cambridge (U.S.A.), et Suslin, à Moscou. Bien que les solutions soient complètement indépendantes, elles se ressemblent beaucoup, particulièrement quand on se rend compte des simplifications, dues à Lindel (Münster) et à Swan (Chicago), dans la démonstration du résultat principal utilisé par Quillen, le théorème de Horrocks.

Je vais raconter la solution de Quillen (avec quelques remarques sur celle de Suslin), utilisant les idées de Lindel et Swan sur le théorème de Horrocks.

Sauf mention exprès du contraire (dans la section 2) tous les anneaux sont commutatifs, avec unité, dans ce travail.

Le lecteur trouvera une exposition bien plus systématique et complète en se rapportant à l'exposé de Ferrand au Séminaire Bourbaki, printemps 1976.

L'histoire

Ce qui suit est une reconstruction de quelques points dans l'histoire du problème, basée, pour la plupart, sur des remarques qu'on m'a faites pendant les dernières années. J'ignore à quel point elle ressemble ou non à la réalité ; mais elle ne me semble pas invraisemblable. (Pour beaucoup d'autres histoires, dont je ne parlerai point, voir [Bass 2]).

D'abord, quand on rencontre un problème sur les anneaux de polynômes, on a envie de le résoudre par induction sur le nombre de variables. Cette envie a conduit à deux tendances d'importance pour nous :

1) Le remplacement de k dans le problème de Serre par un anneau plus général : ce qui est naturel est de considérer pour chaque anneau A l'anneau des polynômes en une variable $A[T]$ et de demander : est-ce que tout $A[T]$-module projectif P provient d'un A-module (ce qui signifie : est-ce qu'il existe un A-module P_0 tel que $P \cong P_0[T] = P_0 \otimes_A A[T]$) ? On a vu assez tôt que la réponse était non en cette généralité (voir [Bass 1] pour le premier contre-exemple). Mais pour le problème de Serre, il suffirait d'avoir une réponse affirmative seulement dans le cas où A est régulier (i.e. de dimension homologique globale finie), hypothèse qui convient aussi pour des raisons techniques. Ce problème reste ouvert ; le meilleur résultat en ce moment semble être celui de

Murthy (basé, bien entendu, sur les travaux de Quillen et Suslin) : si dim gl $A \leq 2$, alors tout module projectif sur $A[T_1, \dots, T_n]$ provient d'un module projectif sur A .

2) L'étude de l'hypothèse de récurrence : que peut-on dire d'un module projectif P sur $k[X_1, \dots, X_n]$ sachant que chaque module projectif sur chaque anneau de polynômes en n-1 variables sur chaque corps est libre ? Par exemple, on sait que P devient libre si on tensorise avec $k(X_1)[X_2, \dots, X_n]$ (où $k(X_1)$ est le corps des fractions de $k[X_1]$) ; et, parce que la liberté de P est une question d'existence d'un nombre fini d'éléments, on voit que P devient libre après qu'on a inversé un seul polynôme en X_1 . De ce fait on peut construire une présentation de P d'une forme assez spéciale ; c'est la théorie de Towber et Lindel, faite pendant les années 60. (Les idées de Towber, qui remonte à sa thèse, sont partiellement publiées dans un travail écrit avec Swan ; ceux de Lindel n'ont jamais été publiées).

En fait, on peut tout faire dans un cadre un peu plus général qui s'accorde mieux avec les idées de 1) : on se donne, alors, un module projectif P (toujours de type fini) sur un anneau de polynômes $A[T]$ et on suppose que P devient libre après qu'on ait inversé un polynôme unitaire en T , ou, ce qui revient au même, que P contienne un module libre F tel que le quotient $N = P/F$ soit annulé par un polynôme unitaire g , ou, plus simplement, que N soit de type fini sur A . Ceci étant, on a :

<u>Lemme</u>. <u>Le module</u> N <u>est projectif sur</u> A.

<u>Démonstration</u>: P et F étant projectifs sur A , on aura certainement $\dim.\mathrm{proj}_A N \leq 1$. On a, de plus, une suite exacte évidente :

$$(*) \qquad 0 \longrightarrow N \xrightarrow{g} F/gF \longrightarrow P/gP \longrightarrow N \longrightarrow 0$$

Or, F/gF et P/gP sont projectifs sur A , parce que g est unitaire et (*) est alors une sorte de résolution périodique de N . Parce que N est de dimension projective finie, il doit être projectif.

A cause de ce résultat, l'épimorphisme $P \twoheadrightarrow N$ se scinde, et on a une décomposition de P en tant que A-module sous la forme :

$$P = N \oplus F \qquad \text{avec} \qquad TF \subset F \quad .$$

Pour compléter la description de P à partir de cette décomposition, il faut décrire, pour chaque $n \in N$, l'élément Tn ; ce qui signifie qu'il faut donner le Tn morphisme de A-modules :

$$N \xrightarrow[\varphi = \begin{pmatrix}\varphi_1 \\ \varphi_2\end{pmatrix}]{} N \oplus F \qquad \text{avec} \quad \varphi(n) = Tn$$

L'isomorphisme $N \oplus F \longrightarrow P$ de A-modules s'étend canoniquement en un épimorphisme de $A[T]$-modules :

$$N[T] \oplus F \longrightarrow P .$$

Le noyau est engendré par les éléments de la forme :

$$\varphi(n) - (n\,T,\,0) \quad ,$$

où on regarde $(nT, 0)$ comme élément de la somme directe $N[T] \oplus F$. Autrement dit, on a une suite exacte :

$$**) \qquad 0 \longrightarrow N[T] \xrightarrow[\begin{pmatrix}\varphi_1 - T \\ \varphi_2\end{pmatrix}]{} N[T] \oplus F \longrightarrow P \longrightarrow 0 \quad ,$$

qui est la présentation distinguée de Lindel-Towber. L'existence d'une telle présentation, avec F libre et N A-projectif, équivaut au fait que P devient libre après qu'on a inversé un polynôme unitaire en T (on peut choisir ce polynôme égal à $\det(\varphi_1 - T)$).

Nous passons maintenant à un résultat qui était en fait un grand pas vers la solution du problème de Serre, le Théorème de Horrocks :

Théorème (Horrocks) : Soit A un anneau local et soit P un $A[T]$-module projectif. Si P devient libre après qu'on a inversé un polynôme unitaire, alors P est libre.

(L'énoncé original de Horrocks était un peu différent : il disait que si P s'étend -en tant que fibré vectoriel sur $\mathbb{A}^1_A = \operatorname{Spec} A[T]$, la droite affine sur A , - à $\mathbb{P}^1_A$, la droite projective sur A , alors P est libre. Or la condition algébrique dans le théorème est équivalente, pour A local, à cette condition géométrique, ce que l'on voit en regardant la condition pour P de s'étendre, comme condition sur la restriction de P au "spectre épointé" de Spec (A) $\times \{\infty\} \subset \mathbb{P}^1_A$).

<u>Démonstration du théorème de Horrocks par Swan et Lindel</u>. Considérons une présentation de Lindel-Towber de P

$$**) \qquad 0 \longrightarrow N[T] \xrightarrow[\varphi = \begin{pmatrix} \varphi_1 - T \\ \varphi_2 \end{pmatrix}]{} N[T] \oplus F \longrightarrow P \longrightarrow 0$$

A cause du fait que A est local, N est libre, et φ_1 s'écrit comme matrice avec éléments dans A . On va trouver une nouvelle présentation de Lindel-Towber avec un N dont le rang sera plus petit. Une fois que rg N = 0 la démonstration sera terminée. On peut supposer que $N \neq 0$.

On considère φ_1, φ_2 comme des matrices, et on procède en effectuant des transformations élémentaires de la manière suivante :

1) D'abord en ajoutant des multiples des lignes de $\varphi_1 - T$ aux lignes de φ_2 , on peut garantir que tous les éléments de la matrice φ_2 se trouvent dans A .

Prouvons maintenant qu'il n'est pas possible que tous les éléments de φ_2 soient contenus dans l'idéal maximal $\mathfrak{m}$ de A ; en effet, s'ils sont tous dans $\mathfrak{m}$, on réduit modulo $\mathfrak{m}$. Mais de **), on déduit que :

$$P/\mathfrak{m}P \cong F/\mathfrak{m}F \oplus \text{Coker}\,(\overline{\varphi}_1 - T) , \quad \text{où}$$

$\overline{\varphi}_1 : A/\mathfrak{m} \otimes N[T] \longrightarrow A/\mathfrak{m} \otimes N[T]$ est la réduction de φ_1 . Or coker$(\overline{\varphi}_1 - T)$ est annulé par det$(\overline{\varphi}_1 - T)$, le polynôme caractéristique de $\overline{\varphi}_1$, qui n'est pas nul, mais on voit facilement que coker$(\overline{\varphi}_1 - T) \neq 0$ puisque $N \neq 0$. C'est une contradiction avec le fait que $P/\mathfrak{m}P$ est projectif sur $A/\mathfrak{m}[T]$! Il y a donc un élément de φ_2 qui est une unité. En changeant au besoin l'ordre de la base de N [T] et de celle de F , nous pouvons supposer que φ a la forme :

$$\varphi = \left(\begin{array}{cccc} a_{11} - T & a_{12} & \cdots & a_{1n} \\ a_{21} & a_{22} - T & \cdots & \\ \vdots & & \ddots & \\ & & & a_{nn} - T \\ \hline 1 & b_{12} & \cdots & \\ 0 & \vdots & & \vdots \\ \vdots & & & \\ 0 & \cdots & & b_{mn} \end{array}\right) \begin{array}{l} = \varphi_1 - T \\ \\ \\ = \varphi_2 \end{array}$$

Mais en ajoutant des multiples de la première ligne de φ_2 aux lignes de φ_1 et puis en ajoutant des multiples de la première colonne aux autres colonnes, on voit qu'on a une présentation de P comme conoyau d'une matrice de la forme :

$$0 \longrightarrow N[T] \xrightarrow{\left(\begin{array}{cccc} 0 & a_{12} & \cdots\cdots & a_{1n} \\ 0 & a_{22}-T & \cdots\cdots & 0 \\ \vdots & & & \vdots \\ 0 & & & a_{nn}-T \\ \hline 1 & 0 & \cdots\cdots & 0 \\ 0 & b_{22} & \cdots\cdots & \\ \vdots & & & \\ 0 & \cdots\cdots & & b_{mn} \end{array}\right)} N[T] \oplus F \longrightarrow P \longrightarrow 0 \ .$$

Or, en posant $F' = A \oplus F$ et en notant N' le module quotient de N par le A-sous-module engendré par le 1er vecteur de base de N, on obtient une présentation de Lindel-Towber de la forme :

$$0 \longrightarrow N'[T] \xrightarrow{\left(\begin{array}{cccc} a_{22}-T & a_{23} & \cdots & a_{2n} \\ \vdots & \ddots & & \\ a_{n2} & \cdots\cdots & & a_{nn}-T \\ \hline b_{22} & b_{23} & & \\ b_{32} & \ddots & & \\ \vdots & & & \end{array}\right)} N'[T] \oplus F'$$

avec $\operatorname{rg} N' \leqslant \operatorname{rg} N$.

Après avoir vu le théorème de Horrocks, et sachant que le problème de Serre admet une solution positive, il est naturel de se demander ce que l'on peut obtenir, peut être avec davantage d'astuce, dans le cas où A n'est pas local. C'est en effet, ce qu'a fait Suslin. Son argument est aussi élémentaire -bien que nettement plus compliqué- que celui de la démonstration ci-dessus. Cependant, nous suivrons l'argument de Quillen, dont le résultat principal est très frappant et semble pouvoir être utile dans de nombreux autres contextes. (Pour une première application voir [Bass-Wright]).

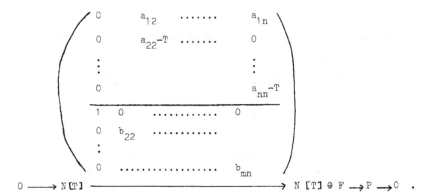

La contribution de Quillen et la solution du problème

Si nous supposons, par induction, que tout module projectif sur un anneau de polynômes en n-1 variables sur un corps est libre, et si P est un module projectif sur $k[X_1, \dots, X_n]$, alors, d'après le théorème de Horrocks, on aura que pour chaque idéal maximal $\mathfrak{m}$ de $k[X_1, \dots, X_{n-1}]$, P devient libre sur $k[X_1, \dots, X_{n-1}]_{\mathfrak{m}}[X_n]$. En particulier, pour chaque $\mathfrak{m}$, $P \otimes k[X_1, \dots, X_{n-1}]_{\mathfrak{m}}[X_n]$ proviendra d'un $k[X_1, \dots, X_{n-1}]$-module. Il suffit donc de prouver que P lui-même provient de $k[X_1, \dots, X_{n-1}]$ car nous avons supposé que tout $k[X_1, \dots, X_{n-1}]$-module projectif est libre.

Alors, le résultat de Quillen suivant résoud le problème de Serre (toujours avec un corps k - mais la même méthode s'étend au cas où k est un anneau de Dedekind et on prouve, alors, que tout module projectif sur $k[X_1, \dots, X_n]$ provient de k).

Pour énoncer le résultat, considérons une situation plus générale : soit A un anneau, M un A[T]-module de présentation finie. Nous dirons que M provient localement de A, si pour tout idéal maximal $\mathfrak{m}$ de A, $A_{\mathfrak{m}}[T] \otimes M$ provient d'un module sur $A_{\mathfrak{m}}[T]$. Le résultat suivant est la grand surprise du travail de Quillen :

Théorème A (Quillen) - Soit M un A[T]-module de présentation finie. Si M provient localement de A, alors il en provient globalement.

Ce théorème se déduit assez facilement du résultat technique suivant :

Soit A un anneau commutatif, R une A-algèbre (non nécessairement commutative) et T une indeterminée. On note $(1 + T\,R[T])^*$ l'ensemble des unités de l'anneau R[T] qui sont congrues à 1 modulo T. Si $s \in A$, nous noterons R_s l'anneau localisé $R \otimes_A A[s^{-1}]$.

Théorème B - Avec les mêmes notations que ci-dessus, supposons que s_1, s_2 soient des éléments de A tels que $s_1 + s_2 = 1$. Alors l'application :

$$(1 + T\,R_{s_1}[T])^* \times (1 + T\,R_{s_2}[T])^* \longrightarrow (1 + T\,R_{s_1 s_2}[T])^*$$
$$(\theta, \psi) \longrightarrow \theta_{s_2}\,\psi_{s_1}$$

est un épimorphisme.

Réduction du Théorème A au Théorème B

Supposons que M provient de A , ce qui veut dire que $M \simeq A[T] \otimes_A N$ pour un A-module N . Réduisant modulo T , on trouve $N \simeq M/TM$. Pour un M quelconque, posons $\bar{M} = M/TM$, et $\tilde{M} = A[T] \otimes_A \bar{M}$. Alors, on aura que M provient de A si et seulement si $M \simeq \tilde{M}$. On peut même demander que l'isomorphisme induise l'identité modulo T . Mais si M est de présentation finie, alors $\tilde{M}$ l'est aussi, et l'isomorphisme de deux modules de présentation finie est une question d'existence d'un nombre fini d'éléments de $A[T]$ qui satisfont à des équations linéaires (on pense à un isomorphisme entre une présentation pour M et une pour $\tilde{M}$). Il s'ensuit que si $M \otimes A_{\mathfrak{m}}[T]$ provient de $A_{\mathfrak{m}}$, alors il existe un élément $s \in A - \mathfrak{m}$ tel que $M_s = A_s[T] \otimes M$ provient de A_s .

Supposons maintenant que M provient localement de A , comme dans le théorème A , et considérons l'ensemble $S = \{ s \in A \mid M_s$ provient de $A_s \}$. Notre but est de prouver que 1 appartient à S . Mais notre hypothèse nous dit que S n'est contenu dans aucun idéal maximal. Donc il suffirait de prouver que S est un idéal de A . Evidemment, $s \in S$ entraîne $as \in S$ pour n'importe quel $a \in A$. Il suffit, alors, de prouver que $s_1, s_2 \in S$ entraîne $s_1 + s_2 \in S$. Mais localisant à $s_1 + s_2$, nous pouvons supposer $s_1 + s_2 = 1$. Le théorème A est donc réduit au lemme suivant :

<u>Lemme</u> : <u>Soit</u> M <u>un</u> $A[T]$<u>-module et soient</u> $s_1, s_2 \in A$ <u>tels que</u> $s_1 + s_2 = 1$. <u>Si</u> M_{s_i} <u>provient de</u> A_{s_i} $(i=1,2)$, <u>alors</u> M <u>provient de</u> A .

<u>Preuve</u> : on utilise les suites exactes :

$$*) \quad \begin{cases} M \longrightarrow M_{s_1} \times M_{s_2} \longrightarrow M_{s_1 s_2} \\ \\ \tilde{M} \longrightarrow \tilde{M}_{s_1} \times \tilde{M}_{s_2} \longrightarrow \tilde{M}_{s_1 s_2} \end{cases}$$

On a , par hypothèse, des isomorphismes $\alpha_i : M_{s_i} \longrightarrow \tilde{M}_{s_i}$ qui induisent l'identité modulo T . Si on avait :

$$\alpha_{1\, s_2} = \alpha_{2\, s_1} : M_{s_1 s_2} \longrightarrow \tilde{M}_{s_1 s_2} ,$$

*) nous donnerait $M \simeq \tilde{M}$. Sinon on chercherait à changer les α_i en les composant avec des automorphismes $\beta_i : \tilde{M}_{s_i} \longrightarrow \tilde{M}_{s_i}$. On a gagné si on peut trouver des β_i

tels que :

$$(\beta_1 \alpha_1)_{s_2} = (\beta_2 \alpha_2)_{s_1} \qquad \text{ou bien}$$

(**) $$(\beta_1^{-1})_{s_2} (\beta_2)_{s_1} = (\alpha_1)_{s_2} (\alpha_2^{-1})_{s_1} .$$

Soit $R = \mathrm{End}_A \overline{M}$. On voit que $\mathrm{End}\, \widetilde{M} = R[T]$, et alors l'ensemble des automorphismes de $\widetilde{M}$ qui induisent l'identité modulo T s'écrit comme $(1 + T\, R[T])^*$. De pareils calculs étant possibles pour $\widetilde{M}_{s_i}$ et $\widetilde{M}_{s_1 s_2}$, on voit que le problème de trouver des β_i qui satisfont à (**) est un cas particulier du problème résolu par le Théorème B . Çelà nous réduit à la :

<u>Démonstration du théorème B</u>

Etant donné $\gamma(T) \in (1 + T\, R_{s_1 s_2}[T])^*$ on peut, pour chaque $a \in A$, écrire :

$$\gamma(T) = \gamma(aT)\ (\gamma(aT)^{-1} \gamma(T))$$

Nous allons voir qu'il existe un entier N tel que si a est divisible par s_2^N et $a-1$ est divisible par s_1^N , alors :

$$\gamma(aT) \in (1 + TR_{s_1}[T])^*$$

et $$\gamma(aT)^{-1}\ \gamma(T) \in (1 + TR_{s_2}[T])^* .$$

Or, en fait, on peut trouver un tel a pour n'importe quel N (il suffit de considérer l'égalité $(s_1+s_2)^{2N+1} = 1$) et ceci terminera la démonstration. En effet soit $s \in A$ et $\gamma(T) \in (1 + TR_s[T])^*$. Nous allons prouver qu'il existe un entier p tel que, pour n'importe quels $X, Y \in A$, l'élément :

$$H_p(X,Y,T) = \gamma(XT)^{-1}\ \gamma((X + s^p Y)T)$$

se trouve dans l'image de l'application naturelle

$$(1 + TR[T])^* \longrightarrow (1 + TR_s[T])^* .$$

Or on peut évidemment supposer que X et Y sont de nouvelles variables (commutant avec R) ; ça veut dire que nous regardons H_k comme élément de l'anneau des polynômes $R_s[T,X,Y]$. Nous pouvons alors écrire la formule de Taylor :

$$\gamma(X + s^p\, Y\, T) = \gamma(XT) + s^p\, Y\, T\, .\ \delta(T,X,Y)$$

et donc :

$$H_p(T,X,Y) = 1 + s^p\, T\, \varepsilon(T,X,Y)$$

où $\varepsilon(T,X,Y) \in R_s[T,X,Y]$. Mais pour ℓ assez grand, $s^{\ell}\,\varepsilon(T,X,Y) = \varepsilon_1(T,X,Y)$ appartient à l'image de $R[T,X,Y]$. Donc, pour $p \geq \ell$,

$$H_p = 1 + s^{p-\ell}\, T\, \varepsilon_1(T,X,Y)$$

est l'image d'un élément de la forme

$$\tilde{H}_p = 1 + s^{p-\ell}\, T\, \tilde{\varepsilon}_1(T,X,Y) \in 1 + T\, R[T,X,Y] \quad .$$

Nous devons montrer que pour p suffisamment grand, $\tilde{H}_p$ est inversible.

Or on trouve, par les mêmes méthodes, que, pour p supérieur à un entier ℓ' , le polynôme :

$$J_p = \gamma((X + s^p\, Y)T)^{-1}\, \gamma(XT) \in (1 + T\, R_s\, [T,X,Y])^*$$

est l'image de :

$$\tilde{J}_p = 1 + s^{p-\ell'}\, T\, \tilde{\phi}_1\, (T,X,Y)$$

avec $\tilde{\phi}_1\,(T,X,Y) \in R\,[T,X,Y]$. Le produit $\tilde{H}_p\,\tilde{J}_p$ a la forme $1 + s^N\, \zeta(T,X,Y)$, $(N = 2p - \ell - \ell')$, et son image dans $R_s[T,X,Y]$ est 1 . Donc tous les coefficients de ζ sont annulés par une puissance de s et pour p grand on aura :

$$\tilde{H}_p\,\tilde{J}_p = 1 \ .$$

Donc $\tilde{H}_p$ sera une unité de $R\,[T,X,Y]$ et la démonstration est terminée.

BIBLIOGRAPHIE

[BASS 1] Torsion free and projective modules
Trans. Amer Math Soc 102 (1962) pp. 319-327.

[BASS 2] Libération des modules projectifs sur certains anneaux de polynômes
Séminaire Bourbaki 26ème année 1973/1974 - p. 448

[BASS-CONNELL-WRIGHT] Locally polynomial algebras are symmetric (à paraître)

[HORROCKS] Projective modules over an extension of a local ring, Proc. London Math. Soc. (3) 14 (1964) - p. 714-718

[LINDEL] Eine Bermerkung zur Quillensche Lösung des serreschen Problem .
(à paraître - pour obtenir des preprints écrire à Härtmut Lindel Inst. für Math. der Universität. Münster)

[QUILLEN] Projective Modules over Polynomial Rings Inv. Math, (à paraître)

[SWAN] Vector Bundles and Projective Modules, Trans. Amer. Math. Soc., 105 1962, p. 264-277

Reçu le 10 Mai 1976

A GENERALIZED PRINCIPAL IDEAL THEOREM WITH APPLICATIONS TO INTERSECTION THEORY

by E. Graham EVANS, Jr.

This paper was presented to the Institute Henri Poincaré, 3 November 1975.

The author was partially supported by the Sloan Foundation and the National Science Foundation during the preparation of this paper.

Throughout this paper we shall consider only local noetherian rings, R, with maximal ideal m. For convience of exposition we shall restrict ourselves to Cohen-Macaulay domains. The results, however, hold in much greater generality (see [E-E] for details). I would like to take this opportunity to thank David Eisenbud who was a joint researcher on this paper as well as to thank Professors Buchsbaum, Griffith, and Hochster for many helpful conversations.

Recall that if I is an ideal of R then the height of I is the minimum of the dimension of R_P as P ranges over all prime ideals which contain I. There are two important theorems concerning height of interest to us in this paper.

The first is Krull's altitude Theorem [Krull] which states that if I is an ideal of R which can be generated by n elements then height $(I) \leq n$. The second theorem, which is due to Serre [Ser], states that if R is a regular local ring, then height is a subadditive function from ideals to Z^+ . That is, height $(I+J) \leq$ height (I) + height (J) for all ideals I dans J or R . If k is any field, $R = k\,[[w, x, y, z]]/(wx - yz)$, $I = (\bar{w}, \bar{y})$, and $J = (\bar{x}, \bar{z})$ where $-$ indicates the image in R , one easily sees that height (I) = height $(J) = 1$ but height $(I+J) = 3$. Thus Serre's theorem cannot be extended without modification to local rings in general.

In this paper we give a new measure of the size of an ideal which shares some of the aspects of Serre's and Krull's theorems and which appears, rather naturally, in various contexts. We want to find a function, f , from ideals of R to the nonnegative integers which is subadditive and such that $f(I) \geq$ height (I). Krull's theorem shows that the number of generators of I is such a function.

If I is an ideal of R which is generated by $x_1, \ldots, x_n$, then we have a homomorphism $f : R^n \longrightarrow I$ given by $f(\text{i-th basis element}) = x_i$ and $f \in m\,\mathrm{Hom}(R^n, R)$. That is, I is an image of a rank n module where the map f is in the maximal ideal times the dual of the module. We wish to pass from free modules to considering arbitrary finitely generated modules. Since R is assumed to be a domain we can define the rank of a finitely generated module M to be the $\text{dimension}_{R_{(0)}} M_{(0)}$.

We define the following three invariants of an ideal I of R . $r_1(I)$ is the minimum of rank (M) such that there exists a homomorphism f from M onto I with $f \in m\,\mathrm{Hom}(M, R)$. $r_2(I)$ is the minimum of the rank of M over all finitely generated R modules M with $x \in m M$ such that $I = \{h(x) \mid h \in \mathrm{Hom}(M, R)\}$. Finally, $r_3(I)$ is the minimum of the rank of α where α is any homomorphism making the following diagram commute :

$$\begin{array}{ccccccccc} \cdots & \longrightarrow & R^3 & \longrightarrow & R & \longrightarrow & R/m & \longrightarrow & 0 \\ & & \uparrow{\scriptstyle \alpha} & & \uparrow{\scriptstyle 1_R} & & \uparrow{\scriptstyle g} & & \\ \cdots & \longrightarrow & R^t & \longrightarrow & R & \longrightarrow & R/I & \longrightarrow & 0 \end{array}$$

where g is the natural projection of R/I onto R/m, the top row is any projective resolution of R/m, and the bottom row is any projective resolution of R/I.

Theorem. *Let* R *be a local Cohen-Macaulay domain and* I *any ideal of* R. *Then*

$$r_1(I) = r_2(I) = r_3(I) \quad .$$

Definition. We will call this common number the *r-height* of I.

Proof : r_1 and r_2 are essentially duals of each other while the image of α in r_3 gives a module M which maps onto I by restricting the map $R^n \longrightarrow R$ and that map is clearly in m $\mathrm{Hom}(M, R)$. If $M \longrightarrow I$ and $f \in m\, \mathrm{Hom}(M, R)$ then $f = x_i f_i + \ldots + x_n f_n$ where the x_i's generate m and the $f_i \in \mathrm{Hom}(M, R)$. These f_i's can be used to build an α.

r-height is a subadditive function for if $h : M \longrightarrow I$ and $k : N \longrightarrow J$ then $h + k : M \oplus N \longrightarrow I + J$. Furthermore, if $I \subset J$, then r-height $(I) \leq$ r-height (J) since if $k : N \longrightarrow J$ then $k|_{k^{-1}(I)} : k^{-1}(I) \to I$. By the remarks above it is clear that r-height $(I) \leq$ the number of generators of I. The next theorem shows that r-height$(I) \geq$ height(I), and, thus, serves as a reasonable measure of the size of an ideal.

Theorem. *Let* R *be a Cohen-Macaulay domain and* I *an ideal of* R. *Then* *r-height* $(I) \geq$ *height* (I).

Proof. Let $x_1, \ldots, x_n$ be maximal R sequence in I. Then we can replace I by the ideal, J, generated by $x_1, \ldots, x_n$ where n is the height (I) since R is Cohen-Macaulay. Extend $x_1, \ldots, x_n$ to $x_1, \ldots, x_n, y_{n+1}, \ldots, y_t$ a maximal R sequence in m. We have the following commutative diagram

$$\begin{array}{ccccccccccccccc}
\cdots & \longrightarrow & R^{N_n} & \longrightarrow & \cdots & & R^{N_2} & \longrightarrow & R^{N_1} & \longrightarrow & R & \longrightarrow & R/m & \longrightarrow & 0 \\
 & & \uparrow {\scriptstyle \overset{n}{\wedge}\alpha} & & & & \uparrow {\scriptstyle \overset{2}{\wedge}\alpha} & & \uparrow {\scriptstyle \alpha} & & \uparrow {\scriptstyle 1_R} & & \uparrow & & \\
0 & \longrightarrow & \overset{n}{\wedge} R^n & \longrightarrow & \cdots & \longrightarrow & \overset{2}{\wedge} R^n & \longrightarrow & R^n & \longrightarrow & R & \longrightarrow & R/J & \longrightarrow & 0
\end{array}$$

where the bottom row is the Koszul complex, the top row is any projective resolution, and the maps $\overset{i}{\Lambda}\alpha$ are defined because the Koszul complex on the generators of m is a subcomplex of any projective resolution of R/m . One notices that we have an exact sequence

$$\mathrm{Ext}^{n-1}(m/I,\ R/(y_1,\dots,y_t)) \longrightarrow \mathrm{Ext}^n(R/m,\ R/(y_1,\dots,y_t)) \xrightarrow{h} \mathrm{Ext}^h(R/I,\ R/(y_1,\dots,y_t))$$

where h is induced by $\overset{n}{\Lambda}\alpha$. But by the well known criteria on the vanishing or nonvanishing of Ext we know that $\mathrm{Ext}^{n-1}(m/I,\ R/(y_1\ ,\dots,\ y_t)) = 0$ and $\mathrm{Ext}^n(R/m,\ R/(y_1\ ,\dots,\ y_t)) \neq 0$. Thus h is a nonzero map so $\overset{n}{\Lambda}\alpha$ is a nonzero map and the rank α is at least n as desired.

A few remarks are in order. If R is not Cohen-Macaulay but has Cohen-Macaulay modules in the sense of Hochster [Hoch] , then one can analyze the homological algebra used above and still prove the theorem. See [E-E] for details. Since Hochster has shown [Hoch] that all rings that contain fields have Cohen-Macaulay modules this proves our theorem for a large class of rings.

One can ask for what ideals I is r-height equal to height. If I is generated by an R sequence, this is clear. One can show that if the projective dimension of I is one this is still true. However, in general, the r-height of an ideal seems very hard to compute. We do not know if r-height equals height all ideals of a regular local ring. If we did, we would recover Serre's theorem of course.

As a final remark let me give an example of where the r-height of an ideal arises rather naturally. Let R be a local Cohen-Macaulay domain and M a finitely generated R module of rank < the dimension of R . Then, if $x \in M$ generated a free summand of M_p over R_p for all non maximal prime ideals p , then x is a minimal generator of M . For if not $I = \{f(x) \mid f \in \mathrm{Hom}(M, R)\}$ would have height $(I) \geq$ height (m). But r-height $(I) \leq$ rank $(M) <$ height (m) which is the desired contradiction.

REFERENCES

[E-E] EISENBUD, D. and EVANS, E.G. : A Generalized Principal Ideal Theorem Nagoya Math. J. (1976), 41-53.

[Hoch] HOCHSTER, M. : Deep Local Rings, Proceedings of the Nebraska Conference on Commutative Rings.

[Krull] KRULL, W. : Über einen Hauptsatz der allgemeinen Idealtheorien, S. - B. Heidelberg Akad. Wiss. (1929), 11-16.

[Ser] SERRE, J.P. : Algèbre locale - Multiplicités, Springer Lecture Notes in Math. 11, (1958).

Manuscrit reçu le 3 Novembre 1975

SUR LES PRODUITS AMALGAMES DE MONOIDES

par Gérard LALLEMENT

Dans cet exposé nous présentons la plupart des résultats connus sur l'amalgamation de plusieurs monoïdes ayant un sous-monoïde en commun. L'origine de la notion de produit libre d'objets dans une catégorie, amalgamant un sous-objet commun se trouve en théorie des groupes (O. SCHREIER [11], B.H. NEUMANN [9]). Elle traduit en termes algébriques à l'aide de la notion de groupe d'homotopie, certaines opérations de recollement d'espaces topologiques. En théorie des monoïdes l'étude de produits amalgamés se justifie pour plusieurs raisons. C'est d'abord un moyen commode d'envisager certaines présentations et éventuellement de résoudre les problèmes de mots correspondants de façon simple. Par ailleurs, en théorie des monoïdes compacts on s'intéresse à des sous-monoïdes connexes d'un monoïde donné M , le "traversant" (c'est-à-dire rencontrant toute ses $\mathcal{D}$-classes) pouvant servir de squelette de structure pour M . On s'est donc appliqué en particulier à étudier des conditions sous lesquelles un monoïde était plongeable dans un monoïde compact. Une classe particulière de tels monoïde est constituée par ceux qui sont résiduellement finis -on dit encore profinis- c'est-à-dire des produits sous-directs de monoïdes finis. Le produit libre d'une famille de monoïdes finis est profini, et le produit libre avac amalgamations permet de construire d'autres exemples de profinis.

Enfin, d'un point de vue informatique, des travaux récents sur les monoïdes syntactiques de langages algébriques ("context free" en anglais) laissent à penser que la notion de produit libre ou de produit libre avec amalgamation y jouera un rôle important (cf. J. SAKAROVITCH [10]). Signalons également que la notion de produit amalgamé a été l'objet de travaux importants dans d'autres classes d'algèbres (cf. par exemple G. GRATZER, [2] B. JONSSON, [6]..., etc...) ; l'étude de la classe des monoïdes donne un reflet assez complet des phénomènes qui peuvent se produire en général.

1. DEFINITIONS ET EXEMPLES

Soit $M_i (i \in I)$ une famille de monoïdes et soit $h : U \longrightarrow M_i$ une famille de morphismes d'un monoïde U dans M_i pour tout $i \in I$. On considère la catégorie $\mathcal{A}(U\ ;\ h_i,\ i \in I)$ dont les objets sont $\{T\ ;\ f_i : M_i \longrightarrow T (i \in I)\}$ où T est un monoïde et f_i une famille de morphismes de M_i dans T pour tout $i \in I$, tels que

$$f_i \circ h_i = f_j \circ h_j \qquad \text{pour tout} \quad i, j \in I .$$

Les flèches de $\mathcal{A}(U\ ;\ h_i,\ i \in I)$ sont les morphismes $m : T \longrightarrow T'$ commutant aux $f_i (i \in I)$. Cette catégorie $\mathcal{A}(U\ ;\ h_i,\ i \in I)$ a un objet initial dont le monoïde, noté $\pi_U^* M_i$, s'appelle le produit libre de la famille $M_i (i \in I)$ amalgamé par U. On peut le définir directement de la façon suivante.

<u>Définition</u> 1.1. <u>Soit</u> $M_i (i \in I)$ <u>une famille de monoïdes et</u> $h_i : U \longrightarrow M_i$ <u>une famille de morphismes</u>. <u>On appelle produit des</u> M_i <u>amalgamé par</u> U, <u>le monoïde engendré par l'ensemble</u> $\sum_{i \in I} M_i$ <u>somme des</u> M_i : $\sum_{i \in I} M_i = \{(m, i) : i \in I,\ m \in M_i\}$ <u>soumis aux relations</u> $R(U\ ;\ h_i,\ i \in I)$ <u>suivantes</u> :

1) $(m, i)(m', i) = (mm', i)$ <u>pour tout</u> $i \in I$;
2) $[h_i(u), i] = [h_j(u), j]$ <u>pour tout</u> $i, j \in I$;
3) $[h_i(e_U), i] = 1$ <u>pour tout</u> $i \in I$; e_U <u>est l'élément neutre de</u> U <u>et</u> 1 <u>est le mot vide sur l'alphabet</u> $\sum_{i \in I} M_i$.

Nous noterons donc $\pi_U^* M_i$ le monoïde admettant la présentation $\langle \sum_{i \in I} M_i\ ;\ R(U\ ;\ h_i,\ i \in I) \rangle$. Les éléments (m, i) et $[h_i(u), i]$ sont notés respectivement m_i et u_i de sorte que les relations de présentations ci-dessus s'écrivent : $m_i m'_i = (mm')_i$, $u_i = u_j$, $e_{M_i} = 1$ pour tout $i, j \in I$.

Exemples 1.2

a) On prend pour $M_i (i \in I)$ une famille quelconque et pour U le monoïde réduit au seul élément neutre. Le produit amalgamé correspondant se note $\prod^*_{i \in I} M_i$ et s'appelle le produit libre de la famille M_i. Notant l'opération de ce monoïde par $*$ on démontre que tout m $\prod^*_{i \in I} M_i$ s'écrit de façon unique $m_{i_1} * m_{i_2} * \dots m_{i_k}$ avec $i_q \neq i_{q+1}$ $(q = 1, 2, \dots, k-1)$. Un produit amalgamé quelconque des M_i est un quotient de $\prod^*_{i \in I} M_i$.

b) Le monoïde M présenté par $M = \langle x, y ; x^2 = x^3 , x^2y = yx^2, y^2 = y \rangle$ est produit amalgamé de $M_1 = \langle v, y ; v^2 = v , yv = vy , y^2 = y \rangle$ et de $M_2 = \langle x ; x^2 = x^3 \rangle$ par $U = \langle u ; u = u^2 \rangle$ (les morphismes de la définition sont donnés par $h_1(u) = v$ et $h_2(u) = x^2$).

c) Les monoïdes $M_1 = \langle a, u, v, o ; ua = v , 0$ est un zéro $\rangle$ et $M_2 = \langle b, u, v, 0 ; bv = u , bu = 0 , 0$ est un zéro $\rangle$ ont un sous monoïde U en commun, le sous monoïde engendré par u, v, et 0.

Dans $M_1 \underset{U}{*} M_2$ on a les relations $u = bv = bua = 0a = 0$ et $v = ua = 0$, d'où la présentation $M_1 \underset{U}{*} M_2 = \langle a, b, 0 ; 0$ est un zéro $\rangle$. Dans le produit amalgamé le sous monoïde de M_1, M_2 engendré (librement) par u et v est absorbé par 0.

Ces exemples mettent en évidence l'intérêt de la définition suivante :

Définition 1.3. Une classe $\mathcal{C}$ de monoïdes possède la propriété d'amalgamation forte si pour toute famille de monoïdes $M_i \in \mathcal{C}$ et de morphismes injectifs $h_i : U \longrightarrow M_i$ $(i \in I, U \in \mathcal{C})$ il existe $M \in \mathcal{C}$ et des morphismes $f_i : M_i \longrightarrow M$ tels que

1) $f_i \circ h_i = h$ soit une injection de U dans M pour tout $i \in I$;
2) $f_i(M_i) \cap f_j(M_j) = h(U)$ pour tout i, $j \in I$.

Nous dirons alors que l'amalgame des M_i par U est plongeable dans M. La propriété universelle du produit $\prod^*_U M_i$ se traduit par le :

Théorème 1.4. Soit $\mathcal{C}$ une classe de monoïdes. Les conditions suivantes sont équivalentes :

1) $\mathcal{C}$ a la propriété d'amalgamation forte ;
2) Pour toute famille de monoïdes $M_i \in \mathcal{C}$ et de morphismes injectifs

$h_i : U \longrightarrow M_i$ $(i \in I,\ U \in \mathcal{C})$ l'amalgame des M_i par U est plongeable dans $\prod_U^* M_i$.

Ce théorème met en évidence les deux techniques de démonstrations qui ont été utilisées pour trouver soit des classes de monoïdes ayant la propriété d'amalgamation forte soit des conditions suffisantes portant sur U et M_i pour que l'amalgame des M_i par U soit plongeable.

2. SUR UNE CLASSE DE MONOIDES AYANT LA PROPRIETE D'AMALGAMATION FORTE :

Un monoïde M est dit inverse si pour tout $x \in M$ il existe un élément unique noté x^{-1} tel que $xx^{-1}x = x$ et $x^{-1}xx^{-1} = x$. Un tel monoïde M se représente fidèlement dans le monoïde $I(M)$ des transformations partielles injectives sur l'ensemble M : on définit cette représentation ρ par : $(m_1, m_2) \in \rho(m) \Longleftrightarrow m_1 m = m_2$ et $m_1 \mathcal{R} m_2$ où $\mathcal{R}$ est l'équivalence de Green (c'est l'analogue du théorème de Cayley pour les groupes). En utilisant cette représentation T.E. HALL a démontré le résultat suivant (voir [4]) :

Théorème 2.1. La classe des monoïdes inverses possède la propriété d'amalgamation forte.

Pour donner une idée de la démonstration de ce résultat nous présentons la preuve de Hall adaptée à la classe des groupes. Celle-ci s'étend moyennant des généralisations non triviales à la classe des demi-groupes inverses. C'est d'un argument de cardinalité qu'il s'agit essentiellement :

(a) Soit U un sous-groupe d'un groupe G et $\rho : U \longrightarrow \sigma(X)$ une représentation de U dans le groupe symétrique $\sigma(X)$ sur l'ensemble X . Pour tout ensemble Z tel que $Z \cap X = \emptyset$ et $|Z| \geqslant |X|\,|G|$, il existe une représentation $\sigma : G \longrightarrow \sigma(X \cup Z)$ telle que $\sigma(u)|_X = \rho(u)$ pour tout $u \in U$.

En effet, ρ est équivalente à la somme des représentations $\rho^{(i)} : U \longrightarrow \sigma(U/H_i)$ où H_i est le stabilisateur dans U d'un élément d'une des orbites de l'action de U sur X ; on a $\rho^{(i)}(u) : H_i x \longrightarrow H_i xu$ pour tout $H_i x \in U/H_i$, $u \in U$. Chacune des représentations $\rho^{(i)}$ (i parcourt un ensemble d'indices Ω repérant les orbites) s'étend en une représentation $\sigma^{(i)} : G \longrightarrow \sigma(G/H_i)$ telle que $\sigma^{(i)}(g) : H_i x \longrightarrow H_i xg$ pour tout $H_i x \in G/H_i$, $g \in G$. On prend alors pour représentation σ la somme des $\sigma^{(i)}$; σ est une représentation sur un ensemble $\bigcup_{i \in \Omega} G/H_i = (\bigcup_{i \in \Omega} U/H_i) \cup (\bigcup_{i \in \Omega} (G/H_i - U/H_i))$.

Compte tenu du fait que $\bigcup_{i\in\Omega} U/H_i$ est en bijection avec X et que $\left|\bigcup_{i\in\Omega} G/H_i - U/H_i\right| \leq |\Omega||G| \leq |X|\,|G|$ on en déduit le résultat (a).

(b) Pour compléter la démonstration, on considère deux groupes S, T ayant un sous-groupe U en commun avec $S \cap T = U$. Soit A un ensemble infini tel que $|A| \geq |S|$ et $|A| \geq |T|$. On forme une partition dénombrable $A = B_1 \cup C_1 \cup B_2 \cup C_2 \cup \ldots$ avec $|B_i| = |C_i| = |A|$ et on construit par récurrence des représentations $\rho^{(i)} : S \longrightarrow \sigma(C_{i-1} \cup B_i)$, $\sigma^{(i)} : T \longrightarrow \sigma(B_i \cup C_i)$ telles que $\rho^{(i)}(u)|_{B_i} = \sigma^{(i)}(u)|_{B_i}$ et $\rho^{(i+1)}(u)|_{C_i} = \sigma^{(i)}(u)|_{C_i}$ pour tout $u \in U$ en prenant soin que $\rho^{(1)} : S \longrightarrow \sigma(B_1)$ étende la représentation de Cayley de S et que $\sigma^{(1)} : T \longrightarrow \sigma(B_1 \cup C_1)$ soit telle que $\sigma^{(1)}(u)|_{B_1} = \rho^{(1)}(u)|_{B_1}$ pour tout $u \in U$ et aussi telle que $\sigma^{(1)}|_{C_1}$ étende la représentation de Cayley de T. Tout cela peut se faire d'après (a). On forme $\rho : S \longrightarrow \sigma(A)$ et $\rho : T \longrightarrow \sigma(A)$ somme des $\rho^{(i)}$ et $\sigma^{(i)}$ respectivement, et on vérifie $\rho|_U = \sigma|_U$ et $\rho(S) \cap \sigma(T) = \rho(U) = \sigma(U)$.

La classe des monoïdes <u>inverses</u>, des monoïdes <u>idempotents commutatifs</u>, des <u>groupes</u> sont, semble-t-il, les seules classes de monoïdes connues ayant la propriété d'amalgamation forte.

3. CONDITIONS SUFFISANTES POUR QU'UN AMALGAME DE MONOIDES SOIT PLONGEABLE :

La recherche de ces conditions vise à répondre à la question suivante : Par quels types de sous-monoïdes U peut-on amalgamer de façon que l'amalgame soit plongeable ? Nous donnons d'abord, et sous une forme légèrement affaiblie, des conditions dues à J. HOWIE [5], adaptée à la catégorie des monoïdes. Pour une partie multiplicativement fermée U d'un monoïde M nous notons U^1 le sous monoïde $U \cup \{1\}$ de M .

<u>Définition</u> 3.1. <u>Une partie multiplicativement fermée</u> (c'est-à-dire un sous-demi-groupe) U <u>d'un monoïde</u> M <u>est dite localement unitaire dans</u> M <u>s'il existe un idempotent</u> $e \in M$ <u>tel que</u> $U \leq eMe$ <u>soit unitaire dans</u> eMe.

$$(um \in U\ ,\ u \in U\ ,\ m \in eMe \Longrightarrow m \in U\ ;\ mu \in U\ ,\ u \in U\ ,\ m \in eMe \Longrightarrow m \in U).$$

Il résulte de cette définition que e est élément neutre pour U . Tout <u>sous-groupe</u> U de M , ayant e pour élément neutre, est localement unitaire dans eMe.

<u>Théorème</u> 3.2. <u>Soit</u> $M_i (i \in I)$ <u>une famille de monoïdes et</u> $h_i : U \longrightarrow M_i$ <u>une famille de morphismes injectifs du demi-groupe</u> U <u>dans les demi-groupes</u> M_i. <u>Si</u> $h_i(U)$ <u>est localement unitaire dans</u> M_i <u>pour tout</u> $i \in I$, <u>alors l'amalgame des monoïdes</u> M_i <u>par le monoïde</u> U^1 <u>est plongeable</u>.

Nous esquissons la démonstration de ce résultat seulement dans le cas où U est supposé être un sous-monoïde unitaire de M_i pour tout $i \in I$. On montre que l'amalgame des M_i par U est plongeable dans $\pi_U^* M_i$ en analysant le passage du produit libre des M_i au produit amalgamé. Le passage d'un mot de $\pi^* M_i$ à un autre se fait en remplaçant dans les syllabes de ce mot des u_i par des u_j (voir Définition 1.1, 2)). Ces remplacements sont de trois types.

type S (syllabe) : remplacer une syllabe u_i par une syllabe u_j
type M (median) : remplacer une syllabe $m_i u_i n_i$ par $m_i * u_j * n_i$
type B (de bord) : remplacer une syllabe $m_i u_i$ par $m_i * u_j$

Noter qu'un remplacement de type M introduit toujours une nouvelle syllabe. On montre qu'une succession de remplacements, d'un mot de $\pi^* M_i$ à un autre, peut toujours s'effectuer en faisant d'abord des remplacements de type S suivis de remplacements de type M ou B (c'est-à-dire que des suites M-S , B-S s'effectuent aussi selon S-M ou S-B ou même M ou B). Par exemple, si on a :

(1) $$m_i * m_j = n_i u_i * m_j \xrightarrow{B} n_i * u_j m_j = n_i * v_j \xrightarrow{S} n_i * v_k$$

il résulte de l'unitarité que $u_j m_j = v_j$ implique $m_j \in U$. Posant $m_j = w_j$, on remplace (1) par :

$$m_i * w_j \xrightarrow{S} m_i w_i = n_i u_i w_i = n_i v_i \xrightarrow{B} n_i * v_k \quad .$$

En renversant systématiquement de la façon indiquée, on voit sans peine sur le nombre des syllabes que si $m_i \longrightarrow \dots \longrightarrow n_i$ pour $m_i, n_i \in M_i$ alors $m_i = n_i$, et si $m_i \longrightarrow \dots \longrightarrow n_j$ avec $i \neq j$, $m_i = u_i$ et $n_j = u_j$. Ceci établit que les morphismes canoniques $\varphi_i : M_i \longrightarrow \pi_U^* M_i$ sont des injections et que $\varphi_i(M_i) \cap \varphi_j(M_j) = U$.

Le même type de preuve permet d'obtenir :

<u>Proposition</u> 3.2 ([3],[8]). <u>Soit</u> $M_i (i \in I)$ <u>une famille de monoïdes tels que</u> $M_i \cap M_j = J$ $(i \neq j)$ <u>soit un idéal de</u> M_i <u>pour tout</u> $i \in I$. <u>Pour que l'amalgame</u>

des monoïdes M^i *par le monoïde* I^1 *soit plongeable il faut et il suffit que*

$$(m_i x)m_j = m_i(x m_j) \quad \text{pour tout} \quad x \in J \text{ , } m_i \in M_i \text{ , } m_j \in M_j \text{ , } i \text{ , } j \in I \text{ .}$$

On peut également démontrer qu'un amalgame est plongeable s'il s'effectue par un sous-monoïde U fortement unitaire à gauche.

Définition 3.3. *Un sous-monoïde* U *de* M *est dit fortement unitaire à gauche si* $um \in U$, $u \in U$ *implique* $m \in U$ *et si* $um = vn$, $u \in U$, $v \in U$ *implique qu'il existe* u' , $v' \in U$, $p \in M$ *tels que* $uu' = vv'$ *et* $m = u'p$, $n = v'p$.

Supposons, par exemple, que M *admette une transversale selon* U , c'est-à-dire qu'il existe un sous ensemble P de M contenant 1 tel que l'application $(u, p) \longrightarrow up$ soit une bijection de $U \times P$ sur M . Il est alors évident que U est fortement unitaire à gauche dans M .

Proposition 3.4. *Soit* $M_i (i \in I)$ *une famille de monoïdes et* $h_i : U \longrightarrow M_i$ *des morphismes injectifs de monoïdes. Supposons que* $h_i(U)$ *soit fortement unitaire à gauche dans* M_i *pour tout* $i \in I$. *Alors l'amalgame des* M_i *par* U *est plongeable.*

La démonstration consiste à montrer qu'on peut effectuer toute suite de remplacements par une suite de type B-B ... -B-S-S- ... S où B désigne un remplacement de bord gauche, puis de discuter une telle suite liant m_i à n_j comme dans le cas de théorème 2.1.

Corollaire 3.5. (BOURBAKI, [1]). *Soit* $M_i (i \in I)$ *une famille de monoïdes et* $h_i : U \longrightarrow M_i$ *des morphismes injectifs. Si pour tout* $i \in I$, M_i *admet une transversale selon* $h_i(U)$ *alors l'amalgame des* M_i *par* U *est plongeable.*

En réalité, Bourbaki démontre plus, à savoir que tout élément de $\pi_U^* M_i$ s'écrit de façon unique sous la forme $h(u) p_{i_1} \ldots p_{i_k}$ avec $u \in U$, et p_i un élément de la transversale de M_i selon $h_i(U)$.

Pour terminer, indiquons que pour tout nombre *fini* de conditions (implications avec quantificateurs existentiels) portant sur des monoïdes M_i , U et vérifiées dans tout amalgame des M_i par U qui soit plongeable, il existe une famille de monoïdes vérifiant ces conditions dont l'amalgame correspondant n'est pas plongeable. (cf.[7]).

BIBLIOGRAPHIE

[1] N. BOURBAKI, Eléments de Mathématiques, Algèbre, Ch 1.3, Hermann, Paris 1970.

[2] G. GRATZER, Universal algebras.

[3] P.A. GRILLET and M. PETRICH, Free products of Semigroups amalgamating and ideal J. London Math. Soc. 2 (1970) 389.392.

[4] T.E. HALL, Free products with amalgamation of inverse semigroups, J. of Algebra 34 (1975) 375.385.

[5] J.M. HOWIE, Embedding theorems with amalgamation for semigroups, Proc. London Math. Soc. 12 (1962) 511.534.

[6] B. JONSSON, Extensions of relational structures, the theory of models, in "Proc. of the 1963 International Symposium at Berkeley", North Holland Amsterdam. 1965 (édité par J.W. Addison, L. Henkin, A. Tarski).

[7] G. LALLEMENT, Amalgamated products of semigroups : The embedding problem Trans. Amer. Math. Soc. 206 (1975) 375.394.

[8] E.S. LJAPIN, Intersections indépendantes de sous-demi-groupes d'un demi-groupe, Izv. Vyss. Ucebn. Zaved. Matem. 4 (1970) 67.73 (en russe).

[9] B.H. NEUMANN, An essay on free products of groups with amalgamation, Philos. Trans. Roy. Soc. London Ser. A 246 (1954) 503.554.

[10] J. SAKAROVITCH, Monoïdes syntactiques de langages algébriques, Thèse 3ème cycle, Math. Univ. Paris VII (à paraître en 1976).

[11] O. SCHREIER, Die Untergruppen der Freien Gruppen, Abh. Math. Sem. Univ. Hamburg 5 (1927) 161.183.

Manuscrit reçu le 26 Janvier 1976

SMALL PROJECTIVE MODULES OF FINITE GROUPS

Gerhard O. MICHLER

Introduction

It is the purpose of this note to determine the structure of an indecomposable projective p-dimensional FG-module P of a finite group G over an arbitrary field F with characteristic $p > 0$ dividing the order $|G|$ of G . Of course such an indecomposable projective FG-module P is uniserial which means that its Loewy series

$$P > PJ > PJ^2 > \dots > PJ^{k-1} > PJ^k = 0$$

is its composition series, where J denotes the Jacobson radical of the group algebra FG.

If G is a p-solvable group, then its composition length $\ell(P) = p$, and all its composition factors are one-dimensional over F by a theorem of K. Morita [12]. Therefore it suffices to consider non p-solvable groups G . Furthermore, by Theorem 10.1 of [11] F may be assumed to have characteristic $p \neq 2$, because if $p=2$, then every indecomposable projective FG-module is uniserial with composition length one or two.

The main result of this article is

THEOREM 1 - *Let* F *be a field of characteristic* $p > 2$, *and let* G *be a finite non p-solvable group. If* P *is an indecomposable, non simple, projective FG-module with vector space dimension* $\dim_F P = p$, *then* P *has composition length* $\ell(P) = 3$, *and its socle* S *is one-dimensional*

An indecomposable projective FG-module P is called principal, if its head P/PJ is the simple FG-module belonging to the trivial representation of G . The principal indecomposable FG-module P_o is uniquely determined by G up to FG-module isomorphism, its head $V_o = P_o/P_oJ$ is called the trivial FG-module. Both are contained in the principal block B_o of FG .

If G is a non solvable transitive permutation group of prime degree p , then G is also not p-solvable by a theorem of E. Galois (see [7]). Hence Theorem 1 contains as a special case P. Neumann's result [13] asserting that $\ell(P_o) = 3$, see also Satz 10 of M. Klemm [8]. Since the ring of endomorphisms $\mathrm{End}_{FG}(P_o)$ is two-dimensional over F , also Burnside's classical theorem on the two-fold transitivity of G follows immediately.

The proof of Theorem 1 employs the theory of blocks with a cyclic defect group over arbitrary fields as it can be found in [11] and R.M. Peacock [14]. Furthermore it uses two fundamental ideas of W. Feit's paper [4], namely the structure of the Green ring of a cyclic group of order p , and a characterisation of PSL(2,p) which is due to R. Brauer [1], see Lemma 4.

Concerning notation and terminology we refer to the books by L. Dornhoff [3], J.A. Green [6] , B. Huppert [7], H. Wielandt [16],[17], and the author's notes [9].

The author should like to thank D.G. Higman, J.A. Green, and H. Pahlings for helpful discussions.

1 - JORDAN FORM OF A SPECIAL MATRIX

The proof of Theorem 1 uses a result on the Green ring of a cyclic p-group $D = (x)$ of order $|D| = p$ over a field F of characteristic $p > 0$ which is due to J.A. Green [5] and formulated explicitely in B. Srinivasan [15]. For the sake of having an easy reference it is restated in this section.

Let V be an indecomposable FD-module of length $r \leq \frac{p-1}{2}$. Since $D = (x)$, V is isomorphic to $V = (x-1)^{p-r} FD$, and $\{(x-1)^{p-r+i} \mid i = 1,2,\dots,r\}$ is an F-vector space basis of V. With respect to this basis x operates on V via the $r \times r$ matrix

$$A = \begin{pmatrix} 1 & 1 & 0 & 0 & \cdots & & 0 \\ 0 & 1 & 1 & 0 & & & \vdots \\ 0 & 0 & 1 & 1 & & & \vdots \\ \vdots & & 0 & 1 & & & \vdots \\ \vdots & & & & & 1 & 0 \\ \vdots & & & & & 1 & 1 \\ 0 & \cdots & & & & 0 & 1 \end{pmatrix}$$

On $V \otimes_F V$ D acts diagonally via $(v_1 \otimes v_2)d = v_1 d \otimes v_2 d$ for all $v_i \in V$, $i = 1,2$, and $d \in D$. Hence x operates on $V \otimes V$ as the tensor product $A \otimes A = B$. Considered as an FD-module $V \otimes V$ splits into indecomposable FD-modules whose elementary divisors e_i are precisely the ones of the Jordan form of B. With this notation Corollary 1 of B. Srinivasan [15] can be restated as

LEMMA 1 - a) The matrix B has r elementary divisors $e_i = 2i+1$, $i = 0,1,\dots,r-1$.

b) As an FD-module $V \otimes V = \sum_{i=0}^{r-1} \oplus W_{2i+1}$, where W_{2i+1} denotes the (up to FD-module isomorphism) unique FD-module of length $\ell(W_{2i+1}) = 2i+1$.

2 - PROOF OF THEOREM 1

In this section the proof of Theorem 1 is given.

Concerning the theory of blocks with a cyclic defect group $D = (x)$ over an arbitrary field F of characteristic $p > 0$ we refer to our article [11]. Let H be the normaliser of D in G, and $B \leftrightarrow e$ be a block of the group algebra FG with a cyclic defect group D. Then by R. Brauer's first main theorem on blocks there is a unique block $b \leftrightarrow f$ of FH with defect group D corresponding to $B \leftrightarrow e$ under the Brauer correspondence σ_D, see [3]. We now assume that D is not normal and has order $|D| = p$. By a well known theorem of J.A. Green it follows then that the Green correspondence f between the non-projective indecomposable FG-module M belonging to B and the non-projective indecomposable FH-modules $U = f(M)$ of b is bijective (up to module isomorphism). Furthermore, b is a uniserial algebra, and the number of simple FG-modules of B equals the number t of simple FH-modules of b by Theorem 10.1 and Proposition 5.1 of [11]. The number t is called the <u>inertial index</u> of B .

An indecomposable FG-module M is called absolutely indecomposable if $E \otimes M$ is an indecomposable EG-module for every algebraic extension E of the field F .

LEMMA 2 - *Let* $B \longleftrightarrow e$ *be a block of* FG *with a cyclic defect group* D *and inertial index* t . *If one indecomposable FG-module of* B *is absolutely indecomposable so are all* $t|D|$ *non isomorphic indecomposable FG-modules of* B .

Proof. Follows at once from Theorem 10.1 and the proof of Proposition 9.4 of [11], since the Green correspondence commutes with field extensions.

Lemma 2 implies at once the following theorem of Tuan.

COROLLARY 1. If G is a group with cyclic p-Sylow subgroups, then the prime field F with p elements is a splitting field for the modular simple FG-modules belonging to the principal block B_0 of FG .

If M is a right FG-module, then $\mathrm{Hom}_{FG}(M,F)$ is a right FG-module by the following action of G : For every $\alpha \in \mathrm{Hom}_{FG}(M,F)$, $g \in G$ let

$$(\alpha g)(v) = \alpha(vg^{-1}) \qquad \text{for every } v \in M .$$

This right FG-module $M^* = \mathrm{Hom}_{FG}(M,F)$ is called the dual module of M ; for details see J.A. Green [6].

The following result is due to R. Brauer [1].

LEMMA 3 - *Let* F *be a prime field of characteristic* $p > 2$ *and* G *a finite perfect group having a faithful indecomposable FG-module* M *such that* $\dim_F M = 3$ *and* $M \cong M^*$. *If* M *belongs to the principal block of* FG , *then* $G \cong PSL(2,p)$.

Proof. R. Brauer's argument given in [1] implies that G is contained in $PSL(2,p)$. Using Dickson's theorem [7] it follows from $G = G'$ that $G \cong PSL(2,p)$.

The following subsidiary result is implicitely contained in the proof of Theorem 1 of W. Feit [4]; its proof given here appears to be semewhat simpler.

LEMMA 4 - Let F be a field of characteristic $p > 2$, and let G be a perfect group with a cyclic p-Sylow subgroup $|D| = (x)$ of order $D = p$. If the principal block B_0 of FG contains an indecomposable faithful FG-module M such that $\dim_F M \leq \frac{p-1}{2}$, then $G \cong PSL(2,p)$.

Proof. By Lemma 3 and Corollary 1 we may assume that $F = GF(p)$, because the Galois field $GF(p)$ is a splitting field for the principal block B_0 of FG. Therefore every indecomposable FG-module of B_0 is absolutely indecomposable.

Let $H = N_G(D)$, and let b_0 be the principal block of FH. Then by R. Brauer's third main theorem on blocks b_0 corresponds to B_0 under the Brauer correspondence σ_D. Let $U = f(M)$ be the Green correspondent of M in b_0. As $r = \dim_F M \leq \frac{p-1}{2}$, we have $U = M_{FH}$. Since D is cyclic of order $|D| = p$ the group $H = N_G(D)$ is p-solvable. By Theorem 2 of [10] the maximal p-regular normal subgroup $K = O_{p'}(H)$ is the kernel of b_0. Hence K acts trivially on M. Since M is faithful, $K=1$, and H only contains b_0 as a block of positive defect by a well known theorem of P. Fong. Since all simple FH-modules of b_0 are one-dimensional by Proposition 4.6 of [11] it follows from Proposition 5.1 of [11] that for every indecomposable FH-module X of b_0 the FD-module X_{FD} is indecomposable. Therefore Lemma 1 implies that $U \otimes_F U^*$ is isomorphic as an FH-module to a direct sum of r indecomposable FH-modules W_i of length $\ell(W_i) = 2i + 1 = \dim W_i < p$, $i = 0,1,\dots,r-1$, since $r \leq \frac{p-1}{2}$. In particular, all indecomposable summands of the FH-module $U \otimes_F U^* = (M \otimes M^*)_{FH}$ are not projective. Furthermore, $U \otimes_F U^*$ contains an indecomposable self-dual three-dimensional FH-module Y, because $U \otimes_F U^*$ is a self-dual FH-module (see [3]), and all components of $U \otimes U^*$ have different dimensions. Since b_0 is the only block of FH with positive defect and Y is not projective, Y belongs to b_0. Now we can apply Theorem 15.8 and Corollary 16.3 e) of J.A. Green [6], from which we deduce that the principal block B_0 of FG contains a three-dimensional self-dual indecompo- FG-module T with $f(T) \cong Y$. Therefore Lemma 3 implies $G \cong PSL(2,p)$, which completes the proof of Lemma 4.

From R. Brauer - C. Nesbitt 2 , p. 590, we obtain the following.

LEMMA 5 - Let F be a field of characteristic $p > 0$, and $G = PSL(2,p)$. Then FG has two blocks B_o and B_1 . The block B_1 is simple and its simple FG-module V_1 has dimension $\dim_F V_1 = p$. The principal block B_o is not simple, and its indecomposable projective FG-modules P_i have $\dim_F P_i = 2p$ except for the principal indecomposable FG-module P_o which is uniserial of length $\ell(P_o) = 3$ and has dimension $\dim_F(P_o) = p$.

After these preparations we can now give the

Proof of Theorem 1 : Let G be a counter-example of minimal order $|G| = p^a q$, $(p,q) = 1$, and let F be a field of characteristic $p > 0$. Let P be an indecomposable, non-simple FG-module such that $\dim_F P = p$, but its socle S is not one-dimensional over F or the composition length $\ell(P) \neq 3$. Then $a = 1$ by Lemma 12.5 of [9].

Since G is not p-solvable, it follows that G has a normal subgroup $N \neq 1$ such that $N = N'$, G/N is solvable and p divides $|N|$, but p does not divide $|G : N|$. Let $P_1 = P_{FN}$. Then P_1 is an indecomposable non-simple projective FN-module. If $G \neq N'$, then by induction P_1 has the following composition series

$$P_1 > P_1 J_1 > P_1 J_1^2 > 0 \quad ,$$

where J_1 denotes the Jacobson radical of FN . Furthermore, its socle $S_1 = P_1 J_1^2$ is one-dimensional over F . If J denotes the Jacobson radical of FG , then $J = J_1 FG$ by Villamayor's theorem ([9], p. 524), because p does not divide $|G : N|$. Hence

$$P > PJ = P_1 J_1 > PJ^2 = P_1 J_1^2 > 0$$

is a composition series of the projective FG-module P . Therefore $\ell(P) = 3$ and $\dim_F S = 1$. This contradiction proves that $G = N$, hence $G = G'$.

Let D be a p-Sylow subgroup of G , $H = N_G(D)$. Since $\dim_F P = p$, the FD-modules P_{FD} and FP_{FD} are isomorphic. Hence P is a uniserial projective FG-module. Suppose P belongs to the block B of FG , and that b is the Brauer correspondent of B in FH . Let f denote the Green correspondence between the non-projective FG-modules of B and the non-projective FH-modules of b . Then

Corollary 3.19 asserts that the Green correspondent $f(S)$ of the socle S of P has composition length $\ell(f(S)) = 1$ or $\ell(f(S)) = p-1$. Since $f(S) = S_{FH}$, and $\dim_F S \leq \frac{p-1}{2}$ it follows that $\ell(f(S)) = 1$, because $p > 2$. Therefore Proposition 5.1 of [11] implies that $\dim_F S = 1$. Since $G = G'$ it follows that S is the trivial FG-module. Hence P is the principal indecomposable FG-module, and B is the principal block B_0 of FG .

If $\ell(P) \neq 3$, then P has a composition factor M with $1 < \dim_F M \leq \frac{p-1}{2}$. As M_{FD} is isomorphic to a non-trivial factor module of FD , the p-group D acts non-trivial on M . Hence the kernel K of M is contained in the kernel $K(B_0) = O_{p'}(G)$ of B_0 by Theorem 2 of [10]. Since B_0 is isomorphic as a ring to the principal block of the group algebra $F[G/K]$, we may assume that $K=1$. Hence M is a faithful FG-module, and therefore $G \cong PSL(2,p)$ by Lemma 4 . Thus the principal indecomposable FG-module P has composition length $\ell(P) = 3$ by Lemma 5 . This contradiction completes the proof of Theorem 1.

3. APPLICATIONS TO PERMUTATION GROUPS

Theorem 1 may be considered as a generalisation of well known theorems on transitive permutation groups of degree p .

COROLLARY 2 - Let F be a field of characteristic $p > 0$, and let G be a non solvable, transitive permutation group of prime degree p . Then :

a) (Burnside) G is two-fold transitive.

b) (Neumann [13], Klemm [8]) The principal indecomposable projective FG-module P_0 has composition length $\ell(P_0) = 3$.

Proof. Let F be a field of characteristic p . Suppose G acts transitively on $\Omega = \{x_i \mid i = 1,2,\dots,p\}$. The free F-vector space $P_0 = F\Omega$ on the set Ω is the principal indecomposable FG-module by [13], p. 205. Hence $\ell(P_0) = 3$ and P_0 is uniserial by Theorem 1. Therefore $\dim_F \mathrm{End}_{FG}(P_0) = 2$, and G is two-fold transitive by a well known theorem on permutation groups, e.g. [16].

COROLLARY 3 - Let G be a transitive permutation group of prime degree p . Then the group algebra FG of G over a field F with characteristic $p > 0$ is uniserial if and only if G is solvable.

Proof. Follows at once from Corollary 3, and K. Morita's theorem [12] asserting that every indecomposable projective FG-module Q of a solvable group G with order $|G| = pq$, $(p,q) = 1$, has length $\ell(Q) = p$.

REFERENCES

[1] R. BRAUER - On groups whose order contains a prime number to the first power II. Amer. J. Math. 64 (1942), 421-440.

[2] R. BRAUER and C. NESBITT - On the modular characters of groups, Annals of Math. 42 (1941), 556-590.

[3] L. DORNHOFF - Group representation theory, Part B, Modular representation theory, Marcel Dekker, New-York, 1972.

[4] W. FEIT - Groups with a cyclic Sylow subgroup. Nagoya J. Math. 27 (1966), 571-584.

[5] J.A. GREEN - The modular representation algebra of a finite group. Illinois J. Math. 6 (1962), 607-619.

[6] J.A. GREEN - Vorlesungen über modulare Darstellungs- theorie endlicher Gruppen. Universität Giessen, 1974.

[7] B. HUPPERT - Endliche Gruppen I. Springer Verlag, Heidelberg, 1967.

[8] M. KLEMM - Über die Reduktion von Permutationsmoduln. Math. Zeitschr. 143 (1975), 113-117.

[9] G.O. MICHLER - Blocks and centers of group algebras. Springer Lect. Notes Mathematics Vol. 246 (1972), 429-563.

[10] G.O. MICHLER - The kernel of a block of a group algebra. Proc. Amer. Math. Soc. 37 (1973), 47-49.

[11] G.O. MICHLER - Green correspondence between blocks with cyclic defect groups I. J. Algebra 39 (1976), 26-51.

[12] K. MORITA - On group rings over a commutative field which possess radicals expressible as principal ideals. Science reports Tokyo Bunrika Daigaku 4 (1951), 177-194.

[13] P. NEUMANN - Transitive permutation groups of prime degree. J. London Math. Soc. (2) 5 (1972), 202-208.

[14] R.M. PEACOCK - Blocks with a cyclic defect group. J. Algebra 34 (1975), 232-259.

[15] B. SRINIVASAN - The modular representation ring of a cyclic p-group. Proc. London Math. Soc. (3) 14 (1964), 677-688.

[16] H. WIELANDT - Finite permutation groups, Academic Press, New-York, 1964.

[17] H. WIELANDT - Permutation groups through invariant relations and invariant functions. Ohio State University, Columbus, 1969.

Gerhard O. Michler
Department of Mathematics
Justus Liebig Universität

63 Giessen
Arndtstrabe 2
West Germany

Manuscrit reçu le 17 Novembre 1975

ALGEBRAIC SURFACES AND 4-MANIFOLDS

Boris MOISHEZON

Upon beginning the study of Riemann surfaces and algebraic curves one of the most striking facts that one encounters is that from a topological point of view all compact Riemann surfaces can be viewed as spheres with handles attached. The simplicity of the topological picture for such complex projective non-singular algebraic curves inspires one to seek a similar simple picture in the two-dimensional case, that of non-singular complex algebraic surfaces. The first place to look for such a picture is among the simply-connected surfaces. These surfaces are of course all compact four dimensional oriented manifolds and in the simply-connected case are characterized up to homotopy equivalence by their intersection forms. That is we have the following theorem of Pontrjagin and Whitehead [6], [10]:

Theorem : *Suppose* V_1 *and* V_2 *are compact simply-connected four dimensional manifolds. Let* ℓ_{V_i} *be the symmetric bilinear form on* $H^2(V_i, \mathbb{Z})$ *induced by the cup product* :

$$H^2(V_i, \mathbb{Z}) \times H^2(V_i, \mathbb{Z}) \longrightarrow \mathbb{Z} \quad .$$

Then V_1 is homotopy equivalent to V_2 iff ℓ_{V_1} is congruent to ℓ_{V_2} .

The above result clearly reduces the homotopy classification of such manifolds to a problem in the classification of symmetric unimodular integral matrices up to congruence. This classification is completely known for indefinite such matrices [4],[7]. Surprisingly enough all known examples of simply-connected algebraic surfaces, with the sole exception of $\mathbb{C}P^2$, give rise to indefinite intersection forms. This fact leads to the reasonable conjecture that any simply-connected compact algebraic surface not equal to $\mathbb{C}P^2$ will have an indefinite intersection form. Note that using the Hodge - Index theorem this conjecture is equivalent to saying that $h^{1,1}(V) > 1$ for any simply-connected algebraic surface $V \neq \mathbb{C}P^2$.

The classification of indefinite symmetric unimodular integer valued forms proceeds as follows. We say a form L is of type II iff its associated quadratic form takes on only even values. Otherwise we say it is of type I. If L is indefinite of type I then L is representable by a diagonal matric having only $+1$ and -1 entries. If L is indefinite of type II then it is known that $\sigma(L)$ is divisible by 8(here $\sigma(L)$ is the signature of L). Furthermore L can be decomposed as $qE_8 + pU$ where $q = \frac{\sigma(L)}{8}$, $p = \frac{rk(L) - |\sigma(L)|}{2}$, U is the hyperbolic form representable by $\begin{pmatrix} 0 & 1 \\ 1 & 0 \end{pmatrix}$ while $\pm E_8$ is the form representable by :

$$\begin{pmatrix}
2 & 1 & & & & & & \\
1 & 2 & 1 & & & \text{zero} & & \\
 & 1 & 2 & 1 & & & & \\
 & & 1 & 2 & 1 & & & \\
 & & & 1 & 2 & 1 & 0 & 1 \\
 & & & & 1 & 2 & 1 & 0 \\
\text{zero} & & & & 0 & 1 & 2 & 1 \\
 & & & & 1 & 0 & 1 & 2
\end{pmatrix}$$

If our indefinite form L is in fact equal to the intersection form L_V of a differential 4-manifold V then it can be shown that L is of type II if and only if its second Stiefel-Whitney class $w_2(V)$ equals zero. In this case a famous theorem of Rohlin then asserts that necessarily $\sigma(L)$ must be divisible by 16.

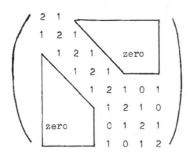

In particular L can then be decomposed as :

$$q'(E_8 \oplus E_8) \oplus pU \qquad \text{where} \quad q' = \sigma(L)/16 \ .$$

If L_V is of type I then the Pontrjagin-Whithead theorem combined with the diagonalizability of L tells us that V is homotopy equivalent to a connected sum of the form $kP \# \ell Q$, where P is the complex projective plane $\mathbb{C}P^2$, with its usual orientation, Q is the complex projective plan with orientation opposite to the usual, $k = \frac{1}{2}(rk(L) + \sigma(L))$, $\ell = \frac{1}{2}(rk(L) - \sigma(L))$ and $\#$ is the connected sum operation with $nM = \underbrace{M \# \dots \# M}_{n\text{-times}}$.

In the case when L_V is of type II it might be expected that the algebraic decomposition of L_V given by $L_V = q'(E_8 \oplus E_8) \oplus pU$ would give rise to a corresponding homotopy decomposition of V into connected sums of some simple canonical manifolds. However whereas U can be realized as the intersection form of $S^2 \times S^2$, as far as we know, the existence of a compact simply-connected differentiable manifold (without boundary) with an intersection form given by $E_8 \oplus E_8$ has not been demonstrated.

Clearly if L_V is an intersection form of type II then forming the connected sum $V' = V \# Q$ gives us a form $L_{V'}$ of type I. However if V is an algebraic surface then V' can be obtained by performing a classical σ-process at some point of V. Thus V' is an algebraic surface birationally equivalent to V and therefore from the point of view of birational equivalence it suffices to consider only the case of those V such that L_V is of type I. In this case we have a homotopy equivalence of V to $kP \# \ell Q$ for some integers $k, \ell \geqslant 0$. Actually a some what stronger assertion can be made. Novikov and Wall ([5],[9]) proved a strengthened version of the Pontrjagin-Whitehead theorem which asserts that 4-manifolds (compact, simply-connected) with congruent intersection forms are not only homotopy equivalent but in fact h-cobordant. However as the h-cobordism theorem of Smale [8] has only been demonstrated for dimensions $\geqslant 5$ it cannot be concluded that such manifolds are diffeomorphic. In particular, in the case of algebraic surfaces, it can't be asserted that every birational equivalence class has a representative diffeomorphic to $kP \# \ell Q$.

If we are willing to leave the confines of a birational equivalence class and even abandon the existence of a complex structure on our manifolds we can allow ouselves to form connected sums of V, not only with Q, but also with P. Just as the operation of $\# Q$ can be identified as a classical σ-process at some point $x \in V$ so too we can identify the operation of $\# P$ as that of performing a σ-process at $x \in V$, using however a local complex structure on V in a neighborhood of x having an orientation opposit to the orientation of V. We call such a process a $\bar{\sigma}$-process at x on V.

It should be noted that σ and $\bar{\sigma}$-processes can be performed on arbitrary 4-manifolds M as follows : in a small enough neighborhood N_x of a point $x \in M$ we can always take local coordinates giving N_x a complex structure. This complex structure will then have an orientation the same as that of M or opposite to that of M. Performing a classical σ-process using the local complexe coordinates of N_x, will in the first cas give us a manifold M' diffeomorphic to $M \# Q$ while in the second case we will have M' diffeomorphic to $M \# P$. These two processes will be called σ and $\bar{\sigma}$ processes respectively.

Now Wall [9] extends Smale's work [8] to show that if V_1, V_2 are simply connected compact 4-manifolds which are h-cobordant to each other then there exists an integer $k \geq 0$ such that $V_1 \# k(S^2 \times S^2)$ is diffeomorphic to $V_2 \# k(S^2 \times S^2)$. Noting that $(S^2 \times S^2) \# P$ is diffeomorphic to $2P \# Q$ we can conclude from Wall's result that for any simply-connected compact 4-manifold V if we perform $(k+1)$ $\bar{\sigma}$-processes and k σ-processes on V for some $k > 0$, we will get a manifold V' diffeomorphic to a sum $kP \# \ell Q$.

Unfortunately Wall's result doesn't aid us at all in obtaining any sort of estimates on the magnitude of k. Thus, for the case of algebraic surfaces in particular, it is of some interest to determine the minimum number of σ and $\bar{\sigma}$-processes necessary to allow us to decompose a surface to a connected sum of P's and Q's. The solution of this problem would give us a topological picture of simply-connected algebraic surfaces which may be considered analogous to the standard picture for algebraic curves.

Let me now formulate some initial results in this direction which R. Mandelbaum and I recently obtained ([1],[2],[3]).

We say that a smooth simply connected 4-manifold X is <u>completely decomposible</u> if there exist integers a,b such that X is diffeomorphic to $aP = bQ$. Let X' is X blown up by a single $\bar{\sigma}$-process at some point $x \in X$. If X' is completely decomposible we shall say that X is <u>almost completely decomposible</u>.

Theorem 1 : *Let* V *be a non singular complex algebraic surface which is a complete intersection*. *Then* V *is almost completely decomposible*.

Theorem 2 : *Suppose* W *is a simply connected non singular complex projective 3-fold*. *Then there exists an integer* $m_0 \geq 1$ *such that any hypersurface section* V_m *of* W *of degree* $m \geq m_0$ *which is non singular will be almost completely decomposible*.

The idea of the proofs is to degenerate V (or V_m) to a pair of "less-complicated" non-singular surfaces crossing transversely and then use induction. The topological analysis of such a situation is then care by the following :

Statement 3 : *Suppose* W *is a compact complex manifold and* V , X_1, X_2 *are closed complex submanifolds with normal crossing in* W . *Let* $S = X_1 \cap X_2$ *and* $C = V \cap S$ *and suppose, as divisors*, V *is linearly equivalent to* $X_1 + X_2$. *Let* $\sigma : X_2' \longrightarrow X_2$ *be the monoidal transformation of* X_2 *with center* C . *Let* S' *be the strict image of* S *in* X_2' *and let* $T_2' \longrightarrow S$, $T_1 \longrightarrow S$ *be tubular neighborhoods of* S' *in* X_2' *and* S *in* X_1 *respectively with* $H_1 = \partial T_1$ *and* $H_2' = \partial T_2'$. *Then there exists a bundle isomorphism* $\eta : H'_2 \longrightarrow H_2$ *which reverses orientation on fibers such that* V *is diffeomorphic to* $\overline{X_2' - T_2'} \cup_\eta \overline{X_1 - T_1}$.

This method gives us other results for which we establish some additional terminology. A field F is called an *algebraic function field in two variables over* $\mathbb{C}$ if F is a finitely generated extension of $\mathbb{C}$ of transcendance degree two. Let $\mathfrak{F}$ denote the collection of all such fields. Then for $F \in \mathfrak{F}$ there exists a non singular algebraic surface whose field of meromorphic functions is F . We shall call any such non singular surface a *model* for F . It is then easy to see that given any two such models V_1, V_2 for F their fundamental groups are isomorphic. Thus we define the *fundamental group* $\pi_1(F)$ for any $F \in \mathfrak{F}$ as the fundamental group of any model V for F . We then let $\mathfrak{F}_0$ be the subcollection of simply-connected F in $\mathfrak{F}$. For $F \in \mathfrak{F}_0$ we let $\mu(F) = \operatorname{Inf}\{k \mid \exists$ a model V for F such that $V \# kP$ is a connected sum of P's and Q's $\}$. Using Wall's result previously mentioned it can be seen that $\mu(F)$ is finite for any $F (\in \mathfrak{F}_0)$. If F is a pure transcendental extension of $\mathbb{C}$ $\mu(F) = 0$. If $\mu(F) \leq 1$ we shall call F a *topologically normal field*.

We now need :

<u>Definition</u> : Let $L, K \in \mathfrak{F}$. Then L is <u>satisfactory cyclic extension of</u> K if there exist models V_L, V_K of L , resp. K , and a morphism $\phi : V_L \longrightarrow V_K$ with discrete fibers whose ramification locus R_ϕ is a non-singular hypersurface section of V_K whose degree is a multiple of deg (ϕ).

We then state :

<u>Theorem</u> 4 : <u>Let</u> $K \in \mathfrak{F}_o$. <u>Then there exists a satisfactory cyclic extension</u> $L \in \mathfrak{F}_o$ <u>of</u> K <u>which is of degree 2 over</u> K <u>and topologically normal</u>.

In [1] it is further shown that if K itself is topologically normal then so is any satisfactory cyclic extension. These two results motivate a partial order in $\mathfrak{F}_o$ defined as follows : for $L, K \in \mathfrak{F}_o$ we shall say that L is <u>satisfactorily resolvable extension</u> of K iff there exists a finite sequence of fields $L_o ,\ldots, L_n$ in $\mathfrak{F}_o$ with $L_o = K$, L_{i+1} a satisfactory cyclic extension of L_i and $L_n = L$. We write $K < L$ if L is satisfactorily resolvable extension of K. Then $<$ induces a partial ordering on $\mathfrak{F}_o$. Our above results then say that in terms of this partial ordering every sufficiently "large" field L is topologically normal.

BIBLIOGRAPHY

[1] MANDELBAUM R., "Irrational connected sums and the topology of algebraic surfaces" to appear.

[2] MANDELBAUM R., MOISHEZON B., "On the topological structure of non singular algebraic surfaces in $\mathbb{C}P^3$" to appear in Topology.

[3] MANDELBAUM R., MOISHEZON B., "On the topology of simply connected algebraic surfaces", to appear.

[4] MILNOR J.W., HUSEMOLLER D., "Symmetric Bilinear Forms", Ergebnisseder Mathematick vol 73 - Springer (1973), Berlin.

[5] NOVIKOV S.P., "Homotopically equivalent smooth manifolds", Izv. Akad. Nauk SSSR, Ser. Mat. 28 (1964) (365-474).

[6] PONTRJAGIN L.S., "On the classification of four dimensional manifolds", Uspekhi Mat. Nauk. 1949, n° 4 (32) (157-158).

[7] SERRE J.P., "Formes bilinéaires symétriques entières à discriminant ± 1". Séminaire Henri Cartan 1961-62 n° 14.

[8] SMALE S., "Generalized Poincaré's conjecture in dimensions greater then four" Ann. of Math., 74 (1961) (391-406).

[9] WALL C.T.C., "On simply connected 4-manifolds", J. London Math. Soc. 39 (1964) (141-149).

[10] WHITEHEAD J.H.C., "On simply connected 4-dimensional polyhedra", Comm. Math. Helv. (1949) 22, 48-92.

Manuscrit reçu le 17 Janvier 1976

SUR LES CONDITIONS DE CHAINES ASCENDANTES DANS DES GROUPES ABELIENS ET DES MODULES SANS TORSION

par Anne-Marie NICOLAS

J'avais remarqué que les $\mathbb{Z}$-modules factorables (cf [7] et [8])) étaient les groupes tels que toute suite croissante de sous-groupes monogènes soit stationnaire. Ce résultat est à l'origine de ce travail. On étudie les conditions de chaîne croissante pour les sous modules monogènes dans les modules ; d'autre part, on met en évidence une notion d'homogènéité qui permet d'améliorer la théorie des groupes factorables ; enfin on passe des conditions de chaîne croissante pour les sous-modules monogènes aux conditions de chaîne croissante pour les sous-modules à n générateurs.

Tous les modules sont sans torsion, unitaires, sur des anneaux commutatifs unitaires intègres.

§1 - Modules factorables et modules 1-acc.

Définition 1.1.

Un A-module M sera dit n-acc si toute suite croissante de sous-modules possédant un système de n générateurs est stationnaire (cf [2]).

On a étudié dans [7] et [8] les A-modules factorables. Rappellons que M est dit <u>factorable</u> si tout élément $x \in M$ s'écrit "de manière unique" sous la forme $x = a\xi$, avec $a \in A$, $\xi \in M$, ξ irréductible dans M .

Adaptant notre démonstration de ([7] §4) au cas où A est un anneau tel que toute suite croissante d'idéaux principaux soit stationnaire, on obtient :

M factorable $\longrightarrow$ M 1-acc. Si A est un anneau principal

M factorable $\longleftrightarrow$ M 1-acc.

L'équivalence précédente est fausse si A n'est pas principal. Plus précisément, si A est un anneau factoriel tel que tout A-module 1-acc soit un A-module factorable, alors A est principal : en effet si A n'était pas principal, il existerait un idéal I de A , non principal qui serait 1-acc , mais qui ne serait pas factorable ([7]§2).

<u>Théorème</u> 1.2

<u>Si</u> A <u>est un anneau tel que toute suite croissante d'idéaux principaux soit stationnaire</u>, <u>alors</u>, <u>pour tout</u> <u>A-module</u> M :

M <u>factorable</u> $\longrightarrow$ <u>M 1-acc</u>

<u>Si</u> A <u>est principal</u> : <u>M-factorable</u> $\longleftrightarrow$ <u>M 1-acc</u>

Remarquons que la condition du théorème précédent sur A est indispensable pour garantir l'existence d'un module 1-acc sur l'anneau A . On a :

<u>Propriété</u> 1.3.

<u>Si</u> M <u>est un</u> <u>A-module 1-acc</u>, <u>alors</u> A <u>est un anneau tel que toute suite croissante d'idéaux principaux soit stationnaire</u>.

Il suffit de considérer pour toute suite croissante $(Aa_i)_{i \in \mathbb{N}}$ la suite de sous modules monogènes $(Aa_i x)_{i \in \mathbb{N}}$ où x est un élément non nul de M .

La condition précédente restreindra donc l'étude des modules 1-acc et à fortiori celle des modules n-acc (cf §4). Par contre pour tout anneau A , il existe toujours un A-module factorable, à savoir A lui-même.

§2 - Homogénéité des modules factorables.

On trouve dans ([5]chapitre XIII) une étude des groupes homogènes. Considérant la suite $(p_n)_{n\in\mathbb{N}}$ des nombres premiers ordonnée dans l'ordre croissant, on définit pour chaque x d'un groupe G la caractéristique $\chi(x)$:

$$\chi(x) = (h_{p_1}, h_{p_n}, \ldots) \text{ où } h_{p_i} \text{ est la hauteur en } p_i \text{ de } x \text{ dans } G .$$

On définit une relation d'équivalence sur l'ensemble des caractéristiques :

$(h_{p_1}, \ldots, h_{p_n} \ldots) \sim (k_{p_1}, \ldots, k_{p_n} \ldots)$ si et seulement si :

$(h_{p_i} = k_{p_i}$ pour presque tout $i)$ et $(h_{p_n} \neq k_{p_n} \Longrightarrow h_{p_n} \neq \infty$ et $k_{p_n} \neq \infty)$.

Le type d'un élément est par définition la classe d'équivalence de sa caractéristique.

Définition 2.1

Un groupe G est dit homogène de type 0 si tous ses éléments ont le même type t où t est la classe d'équivalence de $(0, 0, \ldots, 0, \ldots)$.

Définition 2.2

Un groupe G est dit factorable si c'est un $\mathbb{Z}$-module factorable.

Je peux montrer directement que les groupes homogènes de type 0 sont exactement les groupes factorables. Les groupes homogènes de type 0 sont donc caractérisés par la propriété : toute suite croissante de sous-groupes cycliques est stationnaire.

Je vais démontrer ce résultat en adoptant un point de vue plus général et en utilisant une généralisation aux modules de la notion de type donnée par G. Kolettis dans [6] .

Soit M un A-module sans torsion (A commutatif, unitaire, intègre). Pour $x \neq 0$, $x \in M$ posons : $U(x) = Kx \cap M$ dans l'espace vectoriel $K \otimes_A M$ (K étant le corps des fractions de A). Pour que M soit factorable, il faut et il suffit que $U(x)$ soit libre de rang 1 ([8] théorème 3.7).

Donc si M est factorable, $U(x)$ est isomorphe à A , et d'après la définition de Kolettis [6] , qui généralise la définition donnée pour les groupes, x est de type A . On dira alors que x est de type 0 , puisque le type $\mathbb{Z}$

correspond au type 0 pour les types dans les groupes. Tous les éléments de M ayant le même type 0 on dira que M est homogène de type 0 .

Théorème 2.3

Si M est un A-module factorable, alors M est homogène de type 0 .

Si A est principal, et si M est homogène de type 0 , alors $U(x)$ est nécessairement isomorphe à A ([6] §2 théorème 1), donc $U(x)$ est libre de rang 1 et par conséquent M est factorable.

Théorème 2.4

Si A est principal alors : M factorable $\longleftrightarrow$ M homogène de type 0 .

Mais si A n'est pas principal un module homogène de type 0 n'est pas nécessairement factorable. Il suffit de prendre pour A un anneau de Dedekind non principal, et pour M un idéal non principal de A ; alors, pour tout $x \in M$, $U(x)$ est équivalent à A puisque $A.U(x) = U(x).A$ ([6] §3 théorème 3). M est donc homogène de type 0 et n'est pas factorable.

Théorème 2.5

Si A est un anneau factoriel alors :

M factorable $\Longrightarrow$ M homogène de type 0 $\longrightarrow$ M 1-acc

En effet si M est homogène de type 0 , pour tout $x \in M$, $U(x)$ est isomorphe comme A-module à un idéal I de A ([6]). Soit $(Ax_n)_{n \in \mathbb{N}}$ une suite strictement croissante de sous modules monogènes de M ; alors il existe une suite $(\alpha_k)_{k \in \mathbb{N}}$ de A telle que :

$$\alpha_k \notin A^* \qquad (A^* \text{ étant le groupe des unités de } A)$$

$$x_o = \alpha_1 \alpha_2 \ldots \alpha_k x_k \qquad x_k \in U(x_o) .$$

Si $h : U(x) \longrightarrow I$ est l'isomorphisme de $U(x)$ sur I , $h(x_o) = \alpha_1 \alpha_2 \ldots \alpha_k h(x_k)$ La suite $A\,h(x_k)$ serait alors strictement croissante, ce qui est impossible puisque A est factoriel.

§3 - Groupes factorables

Le théorème 2.4 va nous permettre d'appliquer tous les résultats concernant les modules factorables et factoriels (cf [7] et [8]) aux groupes homogènes de type 0 . Inversement les résultats sur les groupes homogènes de type 0 (cf [5]) pourront s'appliquer aux groupes factorables.

Rappelons tout d'abord que tout sous groupe d'un groupe factorable est factorable, que tout groupe factorable de rang 1 est libre de rang 1 ([8] §6).

Si G est un groupe tel que tout sous-groupe de rang 1 soit libre, alors dans l'espace vectoriel $\mathbb{Q} \otimes_{\mathbb{Z}} G$, l'intersection d'une droite avec G sera de rang 1 , donc libre de rang 1 , et par conséquent G sera factorable ([8] th. 3.7). D'où la proposition :

Proposition 3.1

Pour qu'un groupe G soit factorable, il faut et il suffit que tout sous-groupe de rang 1 soit libre de rang 1 .

Signalons que ce résultat est évidemment valable si G est un module sur un anneau A principal. Si A n'est pas principal la condition précédente est suffisante mais n'est plus nécessaire.

On sait que tout groupe abélien libre est factorable, que tous les sous-groupes de $\mathbb{Z}^I$ sont factorables ([7] et [8]). Mais il existe des groupes factorables de rang 2 (donc dénombrables) qui ne sont pas libres et qui, par conséquent, ne peuvent pas se plonger dans un groupe de la forme $\mathbb{Z}^I$: exemple de Pontryagyn ([9]), exemple 6.3 dans [8] .

Nous allons chercher des conditions pour qu'un groupe factorable soit libre.

Définition 3.2

Un groupe sans torsion G est dit complètement décomposable s'il est somme directe de groupes de rang 1 ([5]).

Si G est factorable et complètement décomposable les facteurs directs de rang 1 sont factorables, donc libres de rang 1 et par conséquent G est libre. Réciproquement si G est libre, il est évidemment complètement décomposable.

Théorème 3.3

Pour qu'un groupe G factorable soit libre, il faut et il suffit qu'il soit complètement décomposable.

Baër ([1]) a démontré que, pour qu'un groupe G de rang n soit complètement décomposable, il faut et il suffit que G/H soit fini pour tout sous-groupe H, somme directe de n sous-groupes purs de rang 1. Si G est un groupe factorable, les sous groupes purs de G de rang 1 sont exactement les sous-groupes de la forme $\mathbb{Z}\xi$, où ξ est irréductible dans G. Le théorème 3.3. et le critère de Baër nous permettent donc d'obtenir le résultat suivant :

Théorème 3.4

Soit G un groupe factorable de rang n. Pour que G soit libre, il faut et il suffit que, pour tout sous groupe $H = \mathbb{Z}\xi_1 \oplus \mathbb{Z}\xi_2 \oplus \ldots \oplus \mathbb{Z}\xi_n$ où ξ_i est irréductible dans G, G/H soit un groupe fini.

Remarquons aussi que si G est factorable de rang n, pour tout système de n éléments $(x_i)_{i=1,2,\ldots,n}$ linéairement indépendants dans G, il existe un système indépendant de n éléments irréductibles $(\xi_i)_{i=1,\ldots,n}$ $(x_j = a_j \xi_j)$.

Si G est factorable de rang n, non libre, alors G/H sera infini mais G/H sera un groupe de torsion. Dans l'exemple de Pontryagyn [9] il existe H tel que G/H soit un 2-groupe. Dans l'exemple 6.3 [8] il existe dans G/H des éléments ayant pour ordre des nombres premiers arbitrairement grands. Or ces deux groupes sont de rang 2. De plus, pour tout rang n, on sait construire un grand nombre de groupes factorables de rang n ([5] th. 88-4).

Le problème de la classification des groupes factorables non libres apparaît donc assez complexe.

Parmi les groupes factorables qui ne sont pas nécessairement libres, figurent les sous-groupes des groupes de la forme $\mathbb{Z}^I$. L'exemple 6.3 de [8] mettait en défaut la conjecture qui affirmait que tout groupe factorable pouvait se plonger dans un groupe $\mathbb{Z}^I$. Nous allons montrer que pour qu'un groupe se plonge dans un groupe $\mathbb{Z}^I$ il faut et il suffit qu'il soit factorable et séparable.

Rappelons qu'un groupe G sans torsion est dit séparable si toute partie finie de G peut être plongée dans un facteur direct de G complètement décomposable ([5] §87).

Tout produit direct de groupes cycliques est séparable. Tout sous-groupe de $\mathbb{Z}^I$ est séparable. Or ces groupes sont factorables. Un groupe séparable n'est pas nécessairement factorable (exemple de $\mathbb{Q}$). Un groupe factorable est-il nécessairement séparable ? La réponse est non. En effet :

Il existe un groupe factorable de rang 2 qui n'est pas séparable.

Il suffit de considérer le groupe M de ([8] exemple 6.3) ; M est dénombrable, et, s'il était séparable, il serait complètement décomposable d'après ([5] théorème 87-1) ; il serait donc libre (théorème 3.3.), ce qui est faux.

Considérons un groupe G, dénombrable, factorable et séparable. Etant dénombrable et séparable, il est complètement décomposable, donc libre (théorème 3.3). Réciproquement, si G est libre, il est factorable et séparable.

Proposition 3.5

Soit G un groupe sans torsion dénombrable. Alors G factorable et séparable $\Longleftrightarrow$ G libre.

Cette propriété n'est plus vraie si G n'est pas dénombrable. En effet $G = \mathbb{Z}^I$ est séparable (d'après [10]) et factorable, et n'est pas libre.

Soit G un groupe séparable et factorable, c'est-à-dire homogène de type 0. Si K est un groupe homogène de type T, on sait que K est séparable si et seulement si il est isomorphe à un sous groupe pur d'un groupe $(\prod_i R_i)(T)$, où R_i est un groupe de rang 1 de type (T) ([5] proposition 87-4 ; H(T) désignant l'ensemble des éléments de type T d'un groupe H). Mais si T=0, tout groupe de rang 1 et de type 0 est isomorphe à $\mathbb{Z}$; de plus tout groupe $\mathbb{Z}^I$ est homogène de type 0. Par conséquent, si G est factorable et séparable, il est isomorphe un sous groupe (pur) de $\mathbb{Z}^I$.

Réciproquement tout sous-groupe pur de $\mathbb{Z}^I$ est factorable et séparable.

Théorème 3.6

Soit G un groupe sans torsion. Les conditions suivantes sont équivalentes :

(I) G est factorable et séparable.

(II) G est pur dans un groupe de la forme $\mathbb{Z}^I$.

On retrouve la proposition 3.5 comme corollaire du théorème précédent puisque tout sous-groupe dénombrable de $\mathbb{Z}^I$ est libre ([10]).

§4 - Modules n-acc

Il est facile de voir que si M est un A-module n-acc, alors l'anneau A doit être tel que toute suite croissante d'idéaux ayant au plus n générateurs doit être stationnaire (généralisation de 1.3).

On a le théorème suivant de Baumslag ([2] théorème 8).

Théorème 4.1

Si A est noetherien intègre, tout A-module libre est n-acc quel que soit n .

La réciproque est évidemment fausse puisque, dans le cas des groupes, $\mathbb{Z}^I$ vérifie cette condition et n'est pas libre. On sait d'autre part que :

Un groupe G dénombrable est libre si et seulement si il est n-acc pour tout n .

Un groupe G est n-acc pour tout n si et seulement si tous ses sous-groupes dénombrables sont libres.

Supposons que E est un anneau principal, et soit M un A-module de rang fini k qui est k-acc : $K \otimes_A M$ (où K est le corps des fractions de A) est de dimension k et possède une base $(x_1, \ldots, x_k)$ avec $x_i \in M$; si M n'est pas libre, alors $M \underset{\neq}{\supset} M_o = Ax_1 \oplus \ldots \oplus Ax_k$ et il existe $y_1 \in M$, $y_1 \notin M_o$; le sous module M_1 engendré par M_o et y_1 est de rang k , et étant de type fini, il est libre de rang k ; alors $M \neq M_1$ et il existe un sous module libre M_2 de rang k $M_2 \underset{\neq}{\supset} M_1 \underset{\neq}{\supset} M_o$ etc... . On construit ainsi une suite strictement croissante de sous-modules libres de rang k , ce qui est impossible puisque M est k-acc.

Proposition 4.2

Si A est un anneau principal et si M est un A-module de rang k les propriétés suivantes sont équivalentes :

(I) M est libre.

(II) M est n-acc pour tout n .

(III) M est k-acc.

En effet (I) $\Longrightarrow$ (II) (théorème 4.1) ; (II) $\Longrightarrow$ (III) ; (III) $\Longrightarrow$ (I) d'après la démonstration précédente.

Il résulte de la proposition (4.2) que, si M est un A-module n-acc non nécessairement de rang fini, tout sous A-module P de rang $r \leq n$ est libre. Réciproquement, supposons que M vérifie la condition : tout sous module P de rang $r \leq n$ est libre ; soit alors $(M_i)_{i \in \mathbb{N}}$ une suite croissante de sous-modules ayant au plus n générateurs ; A étant principal M_i est libre de rang $r_i \leq n$ et $\bigcup_{i \in \mathbb{N}} M_i$ est un sous module de rang $r \leq n$; par hypothèse $\bigcup_{i \in \mathbb{N}} M_i$ est libre et la suite $(M_i)_{i \in \mathbb{N}}$ est stationnaire (théorème 4.1).

<u>Théorème</u> 4.3

<u>Si</u> A <u>est un anneau principal, et si</u> M <u>est un A-module sans torsion, les conditions suivantes sont équivalentes</u> :

(I) M <u>est n-acc</u>.

(II) <u>Tout sous-module</u> P <u>de</u> M , <u>de rang</u> $r \leq n$, <u>est libre</u>.

Ce théorème constitue une généralisation de la proposition 3.1 qui en était un cas particulier (cas $n=1$).

Etant donné un anneau A principal on peut considérer la classe $\mathcal{C}_n(A)$ des A-modules n-acc. On obtient une hiérarchie de A-modules $\mathcal{C}_1(A) \supset \mathcal{C}_2(A) \supset \ldots \supset \mathcal{C}_n(A) \supset \ldots$, avec $\mathcal{L}(A) \subset \bigcap_n \mathcal{C}_n(A)$, $\mathcal{L}(A)$ désignant la classe des modules libres sur A .

Pour chaque entier n , A.L.S. Corner a montré qu'il existait un groupe K_n de rang $n+1$ tel que tous les sous-groupes de rang n soient libres et tous les groupes quotients de rang 1 divisibles. Alors K_n n'est pas libre, et d'après la proposition 4.2 n'est pas $n+1$ - acc ; mais d'après le théorème 4.3 il est n-acc (cela résulte du fait que pour deux groupes $H \subset K$ tels que rang de $H=h$, rang de $K=k$ avec $h<k$, il existe un sous-groupe de K, H' qui contient H tel que rang de H' = rang de $H+1$).

<u>Propriété</u> 4.4.

<u>Pour tout entier</u> $n \geq 2$, <u>il existe un groupe de rang</u> n <u>qui est</u> (n-1) acc <u>et qui n'est pas n-acc</u>.

On a dans cas $\mathcal{C}_1(\mathbb{Z}) \underset{\neq}{\supset} \mathcal{C}_2(\mathbb{Z}) \ldots \underset{\neq}{\supset} \mathcal{C}_n(\mathbb{Z}) \underset{\neq}{\supset} \ldots$ et $\mathcal{L}(\mathbb{Z}) \underset{\neq}{\subset} \bigcap_n \mathcal{C}_n(\mathbb{Z})$.

Dans le cas où A est un anneau de valuation discrète complet, on a vu ([8] §7) que si M est de rang dénombrable et 1-acc, alors M est libre. Par conséquent :

<u>Propriété</u> 4.5

<u>Si</u> A <u>est un anneau de valuation discrète complet, et si</u> M <u>est un A-module de rang dénombrable, alors</u> : M 1-acc $\Longleftrightarrow$ M libre $\Longleftrightarrow$ M n-acc <u>quel que soit</u> n .

La propriété est fausse si A n'est pas complet ; en effet on a vu ([8] §7 exemple 7-4) que si A est un anneau de valuation discrète non complet il existe un A-module de rang 2 qui est 1-acc et qui n'est pas 2-acc.

Nous terminons en donnant une propriété supplémentaire des groupes (n-1)-acc de rang n qui ne sont pas libres (c'est-à-dire qui ne sont pas n-acc). G étant un groupe de rang n, (n-1)-acc, alors G est dénombrable et $G = N \oplus F$, où F est libre, et où $N = \bigcap_{\eta : G \to \mathbb{Z}} \operatorname{Ker} \eta$ n'a pas de groupes quotients libres ([4] corollaire 19.3) : si $F \neq \{0\}$ alors N est de rang $\leqslant n-1$, donc libre (théorème 4.3) et alors $N \equiv \{0\}$. D'où les deux cas :

ou bien $F \neq \{0\} \Longrightarrow N = \{0\} \Longrightarrow G = F \Longrightarrow G$ est libre

ou bien $F = \{0\} \longrightarrow G = N = \bigcap_{\eta : G \to \mathbb{Z}} \operatorname{Ker} \eta$.

<u>Théorème</u> 4.6

<u>Si</u> G <u>est un groupe de rang</u> n , <u>qui est</u> (n-1)-acc <u>et qui n'est pas</u> n-acc, <u>alors</u> G <u>n'a pas de groupe quotient libre</u>.

<u>Pour tout homomorphisme</u> $\eta : G \longrightarrow \mathbb{Z}$, η <u>est nul</u>.

Cette condition nécessaire n'est nullement suffisante (exemple de $\mathbb{Q}^n$).

BIBLIOGRAPHIE

[1] R. BAER : Abelian groups without elements offinite order Duke Math. Journal, 3, 1937, p. 68-122.

[2] B et G. BAUMSLAG : On ascending chain conditions Proc. London Math. Soc. (3), 22, 1971, p. 681-704.

[3] D.L. COSTA : Unique factorization in modules and symmetric algebras University of Virginia, Charlottesville 1975.

[4] L. FUCHS : Infinite abelian groups volume 1. Academic Press, New-York, London 1970.

[5] L. FUCHS : Infinite abelian groups, volume 2. Academic Press, New-York, London 1973.

[6] G. KOLETTIS : Homogeneously decomposable modules "Studies on abelian groups" Paris 1968, p. 223-238.

[7] A.M. NICOLAS : Modules factoriels, Bull. Sc. Math. (2), 95, 1971, p. 33-52.

[8] A.M. NICOLAS : Extensions factorielles et modules factorables. Bull. Sc. Math (2), 98, 1974, p. 117-143.

[9] L. PONTRYAGYN : Theory of topological commutative groups. Ann. Math, 35, 1934, p. 384-385.

[10] E. SPECKER : Additive Gruppen von Volgenganzer Zahlen. Portugaliae Math., 9, 1950, p. 131-141.

Anne-Marie NICOLAS
Département de Mathématiques
U.E.R. des Sciences de l'Université de LIMOGES
123, rue Albert Thomas
87100 LIMOGES

Manuscrit reçu le 10 Novembre 1975

SINGULARITIES OF COARSE MODULI SCHEMES

by Frans OORT

In many cases <u>fine</u> moduli schemes are non-singular ; however <u>coarse</u> moduli schemes can have singularities. We show that this singularities in many situations can be explained by the existence of automorphisms of the algebraic curves, or the polarized abelian varieties in question ; the presence of automorphisms indicate the ramification locus of the morphism from a fine to a coarse moduli scheme, and in this way one can detect the singularities.

We thank I.H.E.S. for hospitality and D. Mumford, G. Horrocks and K. Ribet for suggestions and stimulating discussions.

1. The results

We follow the notations used in [8]. We fix an algebraically closed field k ; Thus M_g is the (coarse) moduli scheme of (irreducible, smooth) algebraic curves (cf [8], p. 99, Definition 5.6, and p. 143, Corollary 7.14 ; we use k as base field). We write $\mathcal{A}_{g,d,n}$ for the moduli scheme of polarized abelian varieties $\lambda : X \longrightarrow X^t$ with $\deg(\lambda) = d^2$, with a level n-structure (cf. [8], p. 139, Th. 7.9, and Th. 7.10 ; we use k as base field) ; we write $\mathcal{A}_{g,d,1} = \mathcal{A}_{g,d}$.

Theorem (1.C).(H.E. Rauch, H. Popp) - Let C be a smooth irreducible algebraic curve of genus $g \geq 4$ over k, and let $P \in M_g(k)$ be the corresponding geometric point on M_g. Then P is singular on M_g iff

$$\mathrm{Aut}\,(C/k) \neq \{1\} \quad .$$

Theorem (1.AV) - Let X be an AV (= abelian variety) over k, and let $\lambda : X \xrightarrow{\sim} X^t$ be a principal polarization. Let $g = \dim X$, and suppose $g \geq 3$. Let $P \in \mathcal{A}_{g,1}(k)$ be the geometric point corresponding to (X, λ). Then P is singular on $\mathcal{A}_{g,1}$ iff

$$\mathrm{Aut}\,((X,\lambda)/k) \neq \{\pm 1\} \quad .$$

We shall see that these theorems follow easily from the following two facts, which tell us that ramification only happens on small subsets.

Theorem (2.C) - Let S be an irreducible scheme over k, and let $\underline{C} \longrightarrow S$ be a smooth curve of genus $g \geq 4$ (cf. [8], p. 98, Definition 5.3) ; this defines a morphism $S \longrightarrow M_g$. Suppose $\sigma \in \mathrm{Aut}(\underline{C}/S)$ with $\sigma \neq \mathrm{id}$. Then :

$$\dim\,(\mathrm{Im}(S \longrightarrow M_g)) \leq 3g - 3 - 2 \quad .$$

The previous theorem can also be phrased as follows : suppose $g \geq 4$, and let $V \subset M_g$ be an irreducible closed subset, with generic point $v \in V$; let K be an algebraic closure of $k(v)$, and let C be the curve corresponding to $v \in V(K) \subset M_g(K)$. Suppose $\mathrm{Aut}(C/K) \neq \{\mathrm{id}\}$. Then :

$$\dim V \leq 3g - 3 - 2 \quad .$$

The method for proving Theorem (2.C), at least in characteristic zero, seems to stem from Zariski and Mumford (cf. [15], p. 393 ; also cf. H. Popp, [14], last theorem on page 106).

Theorem (2.AV) - Let S be an irreducible scheme over k, and let $\underline{X} \longrightarrow S$, $\lambda : \underline{X} \xrightarrow{\sim} \underline{X}^t$, be a principally polarized abelian scheme over S ; this defines a morphism $S \longrightarrow \mathcal{A}_{g,1}$. Let $g \geq 3$. Suppose :

$$\mathrm{End}\,((\underline{X},\lambda)/S) \supsetneq \mathbb{Z}\,.\,\mathrm{id}\,.$$

Then :

$$\dim\,(\mathrm{Im}(S) \longrightarrow \mathcal{A}_{g,1})) \leq \frac{1}{2}\,g\,(g+1) - 2 \quad .$$

Proof (2.C) $\Longrightarrow$ (1.C) and (2.AV) $\Longrightarrow$ (1.AV) - For a curve C we denote by $J(C)$ its Jacobian variety. For any commutative group (scheme) G we denote by ${}_nG$, with $n \in \mathbb{Z}$, the kernel :

$${}_nG = \ker\,(n.1_G : G \longrightarrow G)\,.$$

Fix $n \in \mathbb{Z}$ not divisible by char (k), and define the functor :

$$M_{g,n}(S) = \{(C,a) \mid C \longrightarrow S \text{ is a curve of genus } g \text{ and } a : {}_nJ\,(C) \xrightarrow{\sim} (\mathbb{Z}/n)^{2g}\}.$$

This functor is representable (it was the functor $J_{g,n}$ meant on page 94 of [14]). For n big enough, this functor is representable ; the corresponding fine moduli scheme will be denoted by $M_{g,n}$. Because this is a fine moduli scheme, the formal neighbourhood of a point of $M_{g,n}$ corresponds to the formal moduli scheme of the related curve ; thus by [3], p. 182-17, Th. 10, we conclude that $M_{g,n}$ is smooth. Consider the covering :

$$\varphi : M_{g,n} \longrightarrow M_g \quad .$$

This is a Galois covering (same proof as in [8], pp. 140-141) with group $GL(2g,\mathbb{Z}/n)$ (if $g \geq 3$; a general curve of genus at least three does not have non-trivial automorphisms). The stabilizer (inertia group) of a point on $M_{g,n}$ mapping onto $P \in M_g(k)$ equals $\mathrm{Aut}(C/k)$, where C is the curve having P as moduli point ;

this follows exactly from the description of the functor $M_{g,n}$.

Now suppose $\mathrm{Aut}(C) = \{1\}$. Then φ is unramified, thus φ identifies the completion of the local ring of $Q \in M_{g,n}$ and of the local ring of $\varphi(Q) = P \in M_g$. Thus smoothness of $M_{g,n}$ implies that M_g is smooth at P .

Suppose conversely that P is smooth on M_g . A (quasi) finite morphism mapping a smooth point onto a smooth point is flat (cf [1], chap. V, corollary 3.6 on page 95), thus purity of branch locus can be applied (cf [1], chap. VI theorem 6.8 on page 125). Hence, the branch locus of φ at $P \in M_g$ is either empty or has codimension at least one. The description of the stabilizer as automorphism group allows us to deduced from Theorem (2.C) that φ is unramified over subsets in codimension one (if $g \geq 4$). Hence $\mathrm{Aut}(C/k) = \{1\}$, and Theorem (1.C) is proved, taking for granted (2.C).

The proof of "(2.AV) implies (1.AV)" works along the same lines : $\mathcal{A}_{g,1,n}$ is smooth for n big (use [8], page 139, Theorem 7.9), thus $\mathcal{A}_{g,d,n}$ is a fine moduli scheme, and in case $d=1$, smoothness of the deformation functor was proved by Grothendieck and Mumford (cf [11], 2.4). The Galois covering :

$$\varphi : \mathcal{A}_{g,1,n} \longrightarrow \mathcal{A}_{g,1}$$

has group $GL(Zg, \mathbb{Z}/n)/\{\pm 1\}$ (because a general AV of dimension $g \geq 1$ has no automorphisms except ± 1). The rest of the proof works as before, the important point being that in case $g \geq 3$ there are no endomorphisms (so certainly no automorphisms) outside $\mathbb{Z}.1$ in codimension one on $\mathcal{A}_{g,1}$.

So the crucial step is the one on deformations of automorphisms of curves, respectively deformations of endomorphisms of abelian varieties. Below we sketch the proofs that such deformations are rare inside the whole deformation space.

Remarks : If $g=3$, hyperelliptic curves define a subset $H \subset M_3$ of codimension $6-5 = 1$; thus the restriction $g \geq 4$ is essential in (2.C). Theorem (1.C) is correct for $g=3$ for non-hyperelliptic curves. Theorem (1.C) in this general form was proved by Rauch in characteristic zero, (cf [15]), and by Popp (cf. [14]). The conclusions of theorem (1.C) hold if $g=3$ for hyperelliptic curves with the condition $|\mathrm{Aut}(C/k)| > 2$ (cf. [13]). The algebraic methods of Popp induced us to formulate and to prove (1.AV) and (2.AV). Singularities of M_2 have been described by Igusa (cf. [5]), and $M_1 \cong \mathbb{A}^1$ is non-singular.

Remark : A fine moduli scheme $\mathcal{A}_{g,d,n}$ is smooth if d is not divisible by char (k) ; in fact, in Theorem (1.AV), we could have taken $\mathcal{A}_{g,d}$ for such d. However if char(k) = p > 0 , and p divides d , there is no hope for such general theorem : $\mathcal{A}_{g,d,n}$ might be not be reduced, components might intersect, and components of $\mathcal{A}_{g,d,n}$ may be singular (cf. [9] section 3). However, it is very plausible that Theorem (2.AV) remains valid for arbitrary (not necessary principal) polarisations. [see page 16].

2. Moduli of curves with an automorphism

In this section we sketch the proof of Theorem (2.C) ; our exposition is nothing but a description of [14], pp. 98-106.

Let C be an (irreducible, non-singular) algebraic curve, and let $\sigma \in \mathrm{Aut}(C/k)$. In order to prove Theorem (2.C) it suffices to consider the case that σ has prime order. Thus suppose :

$$q = \text{order}(\sigma)$$

is a prime number ; we distinguish 2 cases :

I : q is not divisible by char (k),

II : q = char(k) = p > 0 .

Let $D = C/\langle\sigma\rangle$ be the quotient of C by the abelian group $\langle\sigma\rangle$. Clearly a deformation of (C, σ) yields a deformation of the Galois covering :

$$C \longrightarrow C/\langle\sigma\rangle = D \quad .$$

Suppose we are in case I . Let h = genus(D), and let w denote the number of points on D which are ramified in the covering $C \longrightarrow D$. Let m(h,w) denote the number of moduli of deformations of a covering $C \longrightarrow D$ as above. We claim :

Lemma I : (Zariski, Mumford, Rauch, Popp) - Suppose q is not divisible by char(k), and $g \geq 2$. Then :

$$m(h,w) \leq \begin{cases} 3h-3+w & \text{if } h>1 \ ; \\ 1+w-1 & \text{if } h=1 \ ; \\ 0+w-3 & \text{if } h=0 \ . \end{cases}$$

Note that this lemma proves Theorem (2.C) in case I . In fact

$$\begin{aligned} g &= \text{genus } (C) , \\ h &= \text{genus } (D) , \\ q &= \text{order } (\sigma) , \\ w &= \text{number of branch points} , \end{aligned}$$

are connected by the Zeuthen-Hurwitz formula (e.g. cf. [2], 8.36) :

$$(\text{Z-H}) \quad 2g-2 = (2h-2)q + (q-1)w \quad .$$

Combination of Lemma I and (Z-H) yields :

$(h=0,\ q=2,\ g \geq 4)$ then $m = m(h,w) \leq 2g+2-3 \leq 3g-5$;

$(h=0,\ q>2,\ g \geq 2)$ then $m \leq \frac{2g-2+2q}{q-1} - 3 \leq g-1 \leq 3g-5$;

$(h=1,\ g \geq 3)$ then $m \leq \frac{2g-2}{q-1} \leq 2g-2 \leq 3g-5$;

$(h>1,\ q>2,\ g \geq 2)$ then $m \leq \frac{3}{2} \quad \frac{(2g-2)+(1-q)w}{q} + \frac{2q}{2q} w \leq g-1 + \frac{3-q}{2q} w \leq 3g-5$;

$(h>1,\ q=2)$ then $w \leq 2g-6$, thus if

$(h>1),\ q=2,\ g>2)$ then $m \leq \frac{3}{2}(g-1) + \frac{1}{2} w \leq 2g-3 \leq 3g-5$.

Thus case I of Theorem (2C) follows from Lemma I . We now <u>sketch</u> the proof of Lemma I . Suppose $h>1$. The number of moduli for D equals $3h-3$ in this case. Further the w branch points can move on D . If D and the branch points $P_1, \ldots, P_w \in D$ are fixed on D , the covering $C \longrightarrow D$ does not allow any deformations. Thus in this case $m \leq 3h-3+w$. The other cases go along the same line taking into account that one can normalize P_1 (if $h=1$), respectively P_1, P_2, P_3 (if $h=0$).

In case II , $q=p=\text{char}(k)$, ramification of $C \longrightarrow D$ is wild, one uses number n_i (denoted by η_i in [4]), and the Zeuthen-Hurwitz-Hasse formula reads (cf. [4]) :

$$(\text{Z-H-H}) \quad 2g-2 = (2h-2)p + \sum_{i=1}^{w} (n_i+1)(p-1) \ ;$$

we write $d = \sum_{i=1}^{w} d(p,n_i)$, where $d(p,n) = n - [\frac{n}{p}]$, i.e. the number of integers $1 \leq j \leq n$, with $(j,p) = 1$.

Lemma II (Popp) - Suppose $q = \mathrm{char}(k) > 0$, $g \geq 2$. Then

$$m(h, n_i ,\dots, n_w) \leq \begin{cases} 3h-3+w+d & \text{if } h>1 , \\ 1-w-1+d & \text{if } h=1 , \\ 0-w-3+d & \text{if } h=0 . \end{cases}$$

(with the obvious definition for $m(h, n_i ,\dots, n_w)$).

The proof of Lemma II uses class field theory for curves (e.g. cf. [17], chap. VI) ; one has to see which condition on the ramification make the covering $C \longrightarrow D$ rigid ; this Lemma and (Z-H-H) imply the bound $3g-5$ along the same lines as above (for details, cf. [14], and [12]).

Thus Theorem (2.C), and hence Theorem (1.C) have been proved.

3. Deformations of principally polarized abelian varieties with an endomorphism.

We say that $\sigma \in \mathrm{End}(X)$ is a complex multiplication, where X is an AV defined over some field k , if $\sigma \notin \mathbb{Z}.1_X$ (note that char(k) may be zero or positive). In the extreme case that X has sufficiently many complex multiplications (and char(k) = 0), it is known that X can be defined over a finite extension of $\mathbb{Q}$, i.e. in that case X can not be deformed keeping the endomorphism ring. We have to show the intermediate case, namely deformations of (X,λ) and at least one complex multiplication to depend on at most $\frac{1}{2}g(g+1)-2$ moduli.

First we remark that Theorem (2.AV) in case char(k) = 0 , follows from the work of Shimura, cf. [18], last line of page 175 (plus an obvious computation). Such a proof of Theorem (2.AV) in case of char(k) > 0 seems unknown. We shall use different methods (valid in any characteristic).

We note that in case char(k) = 0 it suffices to study deformations of (X,λ,σ), where X is a simple AV . In fact, if X is isogenous with Y+Z , with $\dim(Y) = h \geq 1$, $\dim(Z) = i \geq 1$, then Y , respectively Z , plus a polarization on both depends on $\frac{1}{2}h(h+1)$, respectively $\frac{1}{2}i(i+1)$ moduli, and $h+i = g \geq 3$, $h \geq 1$, $i \geq 1$ imply :

$$\frac{1}{2}h(h+1) + \frac{1}{2}g(g+1) = \frac{1}{2}g(g+1) - hi \leq \frac{1}{2}g(g+1) - 2 .$$

Thus, in case char(k) = 0 , this proves Theorem (2.AV) in case the fiber of $\underline{X} \to S$ is not absolutely simple : if $g \geq 3$, non-simple AV_S depend on at most $\frac{1}{2} g(g+1)-2$ moduli.

If char(k) = $p > 0$, we define the p-rank of an AV X by :

$$f(X) = p\text{-rank}(X) = f \iff |{}_pX(\bar{k})| = p^f$$

by Koblitz, ([6], page 163, Theorem 8.1) we know that if $f(X) \leq g-2$ and if λ is an $\cong$, this implies that (X, λ) has at most $\frac{1}{2} g(g+1)-2$ moduli. Thus in order to prove (2.AV) in case char(k) = $p > 0$, we only have to consider the cases $f(X) = g$ and $f(X) = g-1$.

Remark. It is very plausible that (X, λ) with $f(X) \leq f$ depends on $\frac{1}{2} g(g+1) - g+f$ moduli for arbitrary $\deg(\lambda) = d$. If so, Theorem (2.AV) holds for $\mathcal{A}_{g,d}$ and non simple AVs would depend on at most $\frac{1}{2} g(g+1)-2$ moduli (for $g \geq 3$, any characteristic).[see page 16].

Now we study infinitesimal deformations of morphisms (I am grateful to D. Mumford who suggested me to use this proposition) (we follow the notation of [11], Proposition 2.2.5) :

Proposition (3.1) - Let k be a field, let R be a local artin ring, with maximal ideal M , and residue class field R/M = k . Let $I \subset R$ be an ideal with MI = 0 , and let R' = R/I . Let X and Y be smooth schemes over R , and let $X' = X \otimes R'$, $Y' = Y \otimes R'$, and let :

$$f' : X' \longrightarrow Y'$$

be an R'-morphism. Further $X_0 = X \otimes k$, $Y_0 = Y \otimes k$, $f_0 = f' \otimes k$. Let X_1, Y_1 be smooth schemes over R such that :

$$X_1 \otimes R' \cong X' \quad , \quad Y_1 \otimes R' \cong Y' \quad ,$$

the scheme X_1 , respectively Y_1 , is determined by $\iota_X(\xi) = X_1$, resp. $\iota_Y(\eta) = Y_1$, with :

$$\xi \in H^1(X_0, \Theta_{X_0}) \otimes I \quad , \quad \text{resp.} \quad \eta \in H^1(Y_0, \Theta_{Y_0}) \otimes I$$

(cf. [11], pp. 274-275, Proposition 2.2.5. ii ; ξ depends on X, X_1 and $X_1 \otimes R' \cong X'$). Consider

$$\begin{array}{ccc} H^1(X_o, \Theta_{X_o}) \otimes I & \xrightarrow{df_o} & H^1(X_o, f_o^*\Theta_{Y_o}) \otimes I \\ & & \uparrow f_o^* \\ & & H^1(Y_o, \Theta_{Y_o}) \otimes I \end{array}$$

<u>Then the morphism</u> $f' : X' \longrightarrow Y'$ <u>can be extended to an R-morphism</u> $f : X_1 \longrightarrow Y_1$ <u>if and only if</u>

$$(df_o)(\xi) = (f_o^*)(\eta) \quad .$$

The proof of this proposition is standard and will be omitted here.

The proposition will be applied in the following way : $X=Y$ is an abelian scheme, $f' = \sigma_o = f_o \in \mathrm{End}(X_o)$, $R = k[\varepsilon]$, with $\varepsilon^2 = 0$, $M = I = R.\varepsilon$, $X = X_o \otimes R$, $Y = Y_o \otimes R$; let TX_o be the tangent space of X_o at the zero-element, and let $\underline{a}$ be a basis for TX_o ; the k-linear map :

$$d\,\sigma_o : TX_o \longrightarrow TX_o$$

is given by a matrix

$$A = \mathrm{mat}_{\underline{a}}\,(d\,\sigma_o) = (a_{ij})$$

using the k-basis $\underline{a}$. Let $\lambda_o : X_o \xrightarrow{\sim} X_o^t$ be a principal polarization, and define a basis $\underline{b}$ for TX_o^t by :

$$d\lambda_o : TX_o \longrightarrow TX_o^t \quad , \quad \underline{b} = (d\lambda_o)\,(\underline{a}) \quad .$$

We write :

$$B = \mathrm{mat}_{\underline{b}}\,(d\,\sigma_o^t) = (b_{ij})$$

for the matrix of the k-linear map :

$$d\,\sigma_o^t : TX_o^t \longrightarrow TX_o^t$$

(deduced from $\sigma_o^t : X_o^t \longrightarrow X_o^t$) on the k-basis $\underline{b}$. Notice that :

$$H^1(X_o, \Theta_{X_o}) \cong TX_o \otimes_k H^1\,(X_o, \mathcal{O}_{X_o}) \cong TX_o \otimes_k TX_o^t$$

(canonical isomorphisms). Suppose a deformation X_1 of X_o over R is given by :

$$\xi = \sum_{i,j=1}^{g} (t_{ij}\; a_i \otimes b_j)\varepsilon = \quad \eta \in H^1(X_o, \Theta_{X_o}) \otimes (k.\varepsilon)$$

with $a = \{a_1, \dots, a_g\}$, $b = \{b_1, \dots, b_g\}$. With these notations we deduce from the proposition the following :

<u>Corollary</u> (3.2) - <u>Suppose</u> λ_0 <u>extends to</u> X_1 . <u>Then</u> σ_0 <u>extends to</u> X_1 <u>if and only if</u> :

$$TA = ({}^tB)T$$

(here $T = (t_{ij})$ and ${}^tB$ is the transpose of B).

<u>Proof</u>. We follow the notation of the proposition. The map

$$d\sigma_0 : H^1(X_0, \Theta_{X_0}) \cong TX_0 \otimes H^1(X_0, \mathcal{O}_{X_0}) \longrightarrow H^1(X_0, \sigma_0^* \Theta_{Y_0}) \simeq TY_0 \otimes H^1(X_0, \mathcal{O}_{X_0})$$

maps ξ onto

$$(d\sigma_0)\left(\sum_{k,j} t_{kj}\, a_k \otimes b_j\right) = \sum_{k,j,i} t_{kj}\, a_{ki}\, a_i \otimes b_j \quad ;$$

likewise

$$\sigma_0^*\left(\sum_{i,m} t_{im}\, a_i \otimes b_m\right) = \sum_{i,m,j} t_{im}\, b_{mj}\, a_i \otimes b_j \quad .$$

Thus σ_0 can be lifted to some $\sigma_1 \in \mathrm{End}(X_1/R)$ iff

$$(*) \qquad \sum_k t_{kj}\, a_{ki} = \sum_m t_{im}\, b_{mj}$$

for $1 \leq i$, $j \leq g$. Because of the particular choice $\underline{b} = (d\lambda_0)(\underline{a})$, the polarization λ_0 can be lifted to X_1 iff $T = {}^tT$ (cf. [11], remark on top of page 288) ; this can be seen as follows : apply the previous proposition to $f_0 = \lambda_0 : X_0 \longrightarrow X_0^t = Y_0$, and use the fact that any polarization is symmetric, i.e. :

$$(X_0 \xrightarrow{\lambda_0} X_0^t) = (X_0 \xrightarrow{\sim} X_0^{tt} \xrightarrow{\lambda_0^t} X_0^t) \quad .$$

Using $T = {}^tT$, the equations (*) are equivalent with $TA = ({}^tB)T$, and the corollary is proved.

(3.3) Now we note the following easy observation. Let $T = (t_{ij})$, consider t_{ij} , for $1 \leq i \leq j \leq g$, as variables. Set $t_{ij} = t_{ji}$. Let $A = (a_{ij})$, and <u>suppose there does not exist</u> $a \in k$ <u>such that</u> $A = a.I$. Then, if $g \geq 3$, for any matrix B , the equations :

$$TA = ({}^tB)\, T$$

<u>imply at leat two linearly independant equations in</u> t_{ij} , $1 \leqslant i \leqslant j \leqslant g$.

<u>Proof</u> : Take $a_2 \in V$ (here $V = TX_o$ is the vector space on which A acts) which <u>is not</u> an eigen vector for A (this is possible by the condition $A \neq a.I$ for all $a \in k$) ; let $Aa_2 = a_1$ and complete to a basis. Then, on the new basis, the left-hand upper corner of A looks like :

$$A = \begin{pmatrix} \cdot & \cdot & \cdot & \\ 1 & \cdot & \cdot & \\ \alpha & \cdot & \cdot & \end{pmatrix}.$$

Set J for the ideal generated by all t_{ij} , $i \leqslant j$, with $(i,j) \neq (2,2)$, $(i,j) \neq (2,3)$. The equation $TA = ({}^tB)T$ at the places $(2,1)$ and $(3,1)$ gives :

$$t_{22} + \alpha t_{23} \equiv 0 \pmod J ,$$

$$t_{23} \equiv 0 \pmod J ,$$

and our claim is proved.

<u>Proof of</u> (2.AV) in case $\mathrm{char}(k) = 0$. Suppose $k = \mathbb{C}$, and let

$$d\sigma = TX \longrightarrow TX$$

be equal to multiplication by $a \in \mathbb{C}$,

$$d\sigma = a.I \ ;$$

if X is a simple AV over $\mathbb{C}$, and $g \geqslant 2$ this implies $a \in \mathbb{Z}$, i.e. σ is not a complex multiplication ; this we prove as follows. Let $X = \mathbb{C}^g/\Gamma$, with $\Gamma \cong \mathbb{Z}^{2g}$; suppose $a \notin \mathbb{R}$, and take $\gamma \in \Gamma$; because Γ spans the $\mathbb{R}$-vector $\mathbb{C}^g$, the vectors γ and $a\gamma$ are linearly independant over $\mathbb{R}$, and they span a lattice inside $\mathbb{C}.\gamma$; thus we arrive at :

$$\begin{array}{ccccccc} 0 \longrightarrow & \mathbb{Z}.\gamma + \mathbb{Z}.a\gamma & \longrightarrow & \mathbb{C}.\gamma & \longrightarrow & E & \longrightarrow 0 \\ & \downarrow & & \downarrow & & \downarrow \varphi & \\ 0 \longrightarrow & \Gamma & \longrightarrow & \mathbb{C}^g & \longrightarrow & X & \longrightarrow 0 \end{array}$$

where E is an elliptic curve and φ an isogeny (a complex analytic morphism between compact complex manifolds which are algebraic is an algebraic morphism, by the "Chow Theorem", cf. [17]) ; thus $a \notin \mathbb{R}$ implies that X is not simple ; hence $a \in \mathbb{R}$, and this implies $a \in \mathbb{Z}$ (because Γ is a lattice, stable by multiplication by a).

Conclusion : if X is simple, and σ is a complex multiplication of X, and $g \geq 3$, we can apply (3.3), which proves Theorem (2.AV) in case $k = \mathbb{C}$.

<u>Proof</u> of (2.AV), $\mathrm{char}(k) = p > 0$, $f(X) = g$. Consider $d\sigma$ and $d\,\sigma^t$. Suppose there does not exist $a \in k$ such that :

$$d\sigma = a.I = d\sigma^t \quad ;$$

in that case the proof is easy ; if $d\sigma$ is not of the form $a.I$ for any $a \in k$, apply (3.3) to $d\sigma$; if $d\,\sigma^t$ is not of the form $b.I$ for any $b \in k$, apply (3.3) to deformations of X^t ; if $d\sigma = aI$, $d\,\sigma^t = bI$, $a \neq b$, the equation :

$$T.aI = bI.T$$

gives $\frac{1}{2}g(g+1)$ linear equations in the t_{ij}.

Observe that $f(X) = g$ implies :

$${}_pX = (\mu_p)^g \times (\mathbb{Z}/p)^g \quad ,$$

hence $d\,\sigma \in GL(2g\,;\,\mathbb{F}_p)$.

If $d\,\sigma = a.I = d\,\sigma^t$ for some $a \in k$, then $a \in \mathbb{F}_p$, and we can choose $n \in \mathbb{Z}$, $n \bmod p = a$; then $\sigma - nI$ is zero on ${}_pX$, thus there exists $\tau \in \mathrm{End}(X)$, with

$$p\,\tau = \sigma - nI \quad .$$

Notice that a deformation of (X, λ, τ) also produces a deformation of σ by this formula. If there would exist $n_i \in \mathbb{Z}$, such that :

$$p^i \mid (\sigma - n_i.I) \ , \ i = 1,2,\ldots$$

then under the map (cf. [19], page 56) :

$$\mathrm{End}(X) \otimes_{\mathbb{Z}} \mathbb{Z}_p \hookrightarrow \mathrm{End}_A\,(T_p(X))$$

the elements $\sigma \otimes 1$ and $A \otimes (\lim n_i)$ would give the same image ; because $\sigma \notin \mathbb{Z}.1$ this contradicts injectivity of this map (cf. [19], Theorem 5). Thus there exist $i \geq 0$, $n_i \in \mathbb{Z}$ and

$$p^i\,\tau = \sigma - n_i I$$

such that $d\,\tau$ and $d\,\tau^t$ are not both equal to $a.I$ for any $a \in k$, and we are done by which is said above. This ends the proof of (2.AV, $\mathrm{char}(k) = p > 0$, $f(X) = g$).

Proof of (2.AV), $\mathrm{char}(k) = p > 0$, $f(X) = g-1$. Consider a fine moduli scheme $\mathcal{A}_{g,1,n}$ (i.e. n big), let $S \subset \mathcal{A}_{g,1,n}$ with $\underline{X} \longrightarrow S$, $\lambda: X \longrightarrow X^t$ the restriction of the universal family. Suppose S is reduced and irreducible. Let $\sigma \in \mathrm{End}(\underline{X}/S)$. Let $t \in S$ be the generic point of S , let K be an algebraic closure of $k(t)$, and let :

$$X = \underline{X} \otimes K$$

be the "geometric generic fibre" of $\underline{X} \longrightarrow S$; we write :

$$\sigma_K = \sigma \otimes K \in \mathrm{End}(X) \quad .$$

Suppose $d(\sigma_K)$ and $d(\sigma_K^t)$ are not both equal to $a.I$ for any $a \in k$; then the same holds for all σ_s , where $s \in U$ for some non-empty open set $U \subset S$, and we conclude as in the first paragraph of the previous proof. Suppose :

$$d(\sigma_K) = a.I = d(\sigma_K^t) \ , \ a \in k \ .$$

Notice that the p-divisible group of X equals

$$X(p) = G_{1,1} \times (\mu_{p^\infty})^{g-1} \times (\mathbb{Q}_p/\mathbb{Z}_p)^{g-1}$$

(with $G_{1,1}$ as defined in [7], page 35 ; notice that any formal group isogenous with $G_{1,1}$ equals $G_{1,1}$). Thus in this case $a \in \mathbb{F}_p$. Then we consider $n \in \mathbb{Z}$, $n \pmod p = a$, and we study $\sigma_K - nI$. If this is divisible by p , we take $p\tau_K = \sigma_K - nI$, and we proceed as before. Taking into account that $\mathrm{End}(X) \otimes Z_p$ injects into $\mathrm{End}_A(T_pX)$, as we did before, we conclude that we can choose $i \geq 0$, $n_i \in \mathbb{Z}$ and $\tau_K \in \mathrm{End}(X)$ such that :

$$p^i \tau_K = \sigma_K - n_i I \ ,$$

and such that either $d\tau_K$ and $d\tau_K^t$ are not both equal to $a.I$ for any $a \in K$, or :

$$d\tau_K = a.I = d\tau_K^t \ , \ a \in \mathbb{F}_p \subset K \ ,$$

$$n \bmod p = a \quad , \quad n \in \mathbb{Z}$$

$$p \nmid (\tau_K - nI) \quad .$$

In the first case we conclude as we did in the first paragraph of the previous proof. Thus now assume the letter case. Then we see that for $\rho_K = \tau_{K} - nI$ we know :

$$(\ker \rho_K) \cap {}_pX = \alpha_p \times (\mu_p)^{g-1} \times (\mathbb{Z}/p)^{g-1}$$

(because : d $\rho_K = 0$ implies $\alpha_p \times (\mu_p)^{g-1} \subset \ker(\rho_K)$, and d $\rho_K^t = 0$ implies $(\mathbb{Z}/p)^{g-1} \subset \mathrm{Ker}(\rho_K)$, and hence $p \not| \rho_K$ implies ${}_p(G_{1,1}) \not\subset \ker(\rho_K)$; for the definition of α_p , cf. [7], p. 21, cf. [10]p. I.2.11). Thus $\ker(\rho_K^2)$ contains ${}_pX$, it also contains ${}_p(G_{1,1}) \times (\mu_{p^2})^{g-1}$. Take $\varphi_K \in \mathrm{End}(X)$,

$$p\,\varphi_K = \rho_K^2 \quad ;$$

then $\ker(\rho_K) \cap G_{1,1} = \alpha_p$ implies :

$$\ker(\rho_K) \cap G_{1,1} = 0 \quad ;$$

moreover $(\mu_p)^{g-1} \subset \ker(\varphi_K)$; thus the rank of d φ_K equals exactly one. Notice that φ_K comes from $\varphi \in \mathrm{End}(X|U)$ for some non-empty open $U \subset S$, (notice that $\ker(\rho_K^2) \supset {}_pX$, hence $\ker(\rho_t^2) \supset {}_pX_t$). Further rank(d φ_s) equals one for all $s \in U'$, where U' is a non-empty open subset of U . Now we apply deformation theory to $(X_s , \lambda_s, \varphi_s)$; by (3.3) we conclude that :

$$\dim(U') \leq \frac{1}{2}\, g(g+1) - 2 \, ,$$

and this concludes the proof of Theorem (2.AV).

Remark. Probably the method of the last proof can also be applied to the case $f(X) > 0$.

REFERENCES

[1] A. ALTMAN and S. KLEIMAN : Introduction to Grothendieck duality theory. Lecture Notes Math 146, Springer-Verlag, 1970.

[2] W. FULTON : Algebraic curves. Benjamin, New-York 1969.

[3] A. GROTHENDIECK : Fondements de la géométrie algébrique (extraits du Séminaire Bourbaki 1957-1962) Secrétariat Math., Paris, 1962.

[4] H. HASSE : Theorie der relativ-zyklischen algebraischen Funktionen körper, insbisondere bei endlichen Konstanten körper. Journ. reine angew. Math (Crelle). 172 (1935), 37-54.

[5] J.I. IGUSA : Arithmetic variety of moduli for genus two. Ann. Math. 72 (1960), 612-649.

[6] N. KOBLITZ : p-adic variation of the zeta-function over families of varieties defined over finite fields. Compos. Math. 31 (1975), 119-218

[7] Yu. I. MANIN : The theory of commutative formal groups over fields of finite characteristic. Russ. Math. Surveys, 18 (1963), 1-80.

[8] D. MUMFORD : Geometric invariant theory. Ergebnisse Math., vol. 34, Springer Verlag 1965.

[9] P. NORMAN : An algorithme for computing local moduli of abelian varieties. Ann. Math. 101 (1975) 499-509.

[10] F. OORT : Commutative group schemes. Lecture Notes Math. 15, Springer-Verlag, 1966.

[11] F. OORT : Finite group schemes, local moduli for abelian varieties and lifting problems. Algebraic geometry, Oslo 1970, Wolters-Noordhoff, 1972, pp. 223-254 (also : Compos. Math. 23 (1972), 265-296).

[12] F. OORT : Fine and coarse moduli schemes are different. Univ. of Amsterdam, Dept. Math., Report 74-10, 1974.

[13] F. OORT : Singularities of the moduli scheme for curves of genus three. Proc. Kon. Ned. Akad. 78 (1975), 170-174 (Indag-Math., 37).

[14] H. POPP : The singularities of the moduli scheme of curves. Journ. number theory, 1 (1969), 90-107.

[15] H.E. RAUCH : The singularities of the modulus space. Bull. Amer. Math. Soc. 68 (1962), 390-394.

[16] J.P. SERRE : Geométrie algébrique et géométrie analytique. Ann. Inst. Fourier - Grenoble 6 (1955-1956), 1-42.

[17] J.P. SERRE : Groupes algébriques et corps de classes. Act. Sc. Ind. n° 1264 Hermann. Paris, 1959.

[18] G. SHIMURA : On analytic families of polarized abelian varieties and automorphic functions. Ann. Math. 78 (1963), 149-192.

[19] W.C. WATERHOUSE and J.S. MILNE : Abelian varieties over finite fields. Proc. Symp. pure Math. Vol XX, 1969, Number theory inst. (stony Brook), Amer. Math. Soc., 1971 pp. 53-64.

F. OORT

Mathematisch Instituut
Roeterssstraat 15

AMSTERDAM

Manuscrit reçu le 15 Mars 1976

[added in proof, January 1977 :]

Let V_f be the closed set inside the moduli space of polarized abelian varieties of dimension g in characteristic $p > 0$ corresponding to abelian varieties having p-rank at most equal to f. Theorem 4.1 of the paper "Moduli of abelian varieties" (to appear) by P. Norman & F. Oort, says that every component of V_f has exactly dimension $(g(g+1)/2)-g+f$. Using this result it easily follows that Th. (2.AV) of this paper is valid for polarizations of arbitrary degree. Hence also Th.(1.AV) is valid in this more general form.

SUR LES ANNEAUX COMPLETEMENT INTEGRALEMENT CLOS

par

Julien QUERRE

Soit A un anneau intègre, K son corps des quotients, B = A [X] l'anneau des polynômes à une indéterminée, C(A) le monoïde des classes de diviseurs de A, $\mathfrak{C}(f)$ l'idéal engendré dans A par les coefficients de $f \in K[X]$; $\Sigma = \{ f \in B \mid \mathfrak{C}(f) = A \}$ est une partie multiplicative de B et $R = \Sigma^{-1} B$ est un anneau introduit par Nagata [2] p. 18 et noté A(X). Dans le monoïde I(A) des idéaux fractionnaires, on notera $\mathcal{A}$ l'équivalence d'Artin $\mathfrak{a} \equiv \mathfrak{b}$ $(\mathcal{A})$ si et seulement si $A : \mathfrak{a} = A : \mathfrak{b}$, $\mathfrak{a}^{-1} = A : \mathfrak{a}$ et $\mathfrak{a}_v = A : (A : \mathfrak{a})$ l'idéal divisoriel engendré par $\mathfrak{a}$. Un idéal $\mathfrak{a}$ sera dit <u>quasi-fini</u> s'il existe $\mathfrak{a}'$ idéal de type fini tel que $\mathfrak{a}' \subseteq \mathfrak{a}$ et $\mathfrak{a}' \equiv \mathfrak{a}$ $(\mathcal{A})$. Si D(A) est le monoïde des idéaux divisoriels de A, on dit que A est un anneau de Mori [4] [5] s'il vérifie une des propriétés équivalentes suivantes :

1) L'ensemble des entiers de D(A) vérifie la condition maximale

2) Tout idéal est quasi-fini.

Dans cet exposé, nous donnons dans une première partie une caractérisation des anneaux de Krull analogue à celle de Cohen pour les anneaux noethériens. Dans une deuxième partie, nous établissons une caractérisation des idéaux divisoriels de B, pour A intégralement clos, caractérisation qui permet de retrouver de nombreux résultats classiques et surtout d'établir que si A est complètement intégralement clos, les groupes C(A), C(B) et C(R) sont canoniquement isomorphes. Ces derniers résultats sont connus si A est de Krull pour C(A) isomorphe à C(B) et pour A local et de Krull pour C(A) isomorphe à C(R). [1]

I - CARACTERISATION D'UN ANNEAU DE KRULL. -

On appelle anneau de Krull un anneau de Mori complètement intégralement clos.

Lemme 1. -

Dans un anneau A, complètement intégralement clos, pour tout couple $(\mathfrak{a},\mathfrak{b})$ d'idéaux fractionnaires, on a : $\mathfrak{a}(\mathfrak{b}:\mathfrak{a}) \equiv \mathfrak{b}\ (t)$.

$\mathfrak{b}\,[(\mathfrak{b}:\mathfrak{a}) : \mathfrak{b}] \subset (\mathfrak{b}:\mathfrak{a})$ implique $\mathfrak{b} : (\mathfrak{b}:\mathfrak{a}) \subset \mathfrak{b} : \mathfrak{b}\,[(\mathfrak{b}:\mathfrak{a}) : \mathfrak{b}]$
mais puisque A est complètement intégralement clos, $\mathfrak{b}:\mathfrak{b} = A$ d'où $\mathfrak{a} \subseteq \mathfrak{b} : (\mathfrak{b}:\mathfrak{a}) \subseteq A : (A:\mathfrak{a})$ et donc $\mathfrak{a} \equiv \mathfrak{b} : (\mathfrak{b}:\mathfrak{a})\ (t)$ par convexité des t - classes. D'autre part, $(\mathfrak{b}:\mathfrak{a}) : (\mathfrak{b}:\mathfrak{a}) = A$ d'où $\mathfrak{b} : [\mathfrak{b} : \mathfrak{a}(\mathfrak{b}:\mathfrak{a})] = \mathfrak{b}$
mais d'après ce qui précède :

$$\mathfrak{b} : [\mathfrak{b} : \mathfrak{a}(\mathfrak{b}:\mathfrak{a})] \equiv \mathfrak{a}(\mathfrak{b}:\mathfrak{a})\ \ (t)$$

d'où le résultat.

Lemme 2. -

Soit $\mathfrak{a}$ un idéal d'un anneau A complètement intégralement clos et un élément de A. Si les idéaux $\mathfrak{a} + Ab$ et $\mathfrak{a}b^{-1} \cap A$ sont quasi-finis, il en est de même de $\mathfrak{a}$.

On a successivement :

$\mathfrak{a} \cap Ab \subseteq \mathfrak{a}b : (\mathfrak{a} + Ab) = (\mathfrak{a}b : \mathfrak{a}) \cap (\mathfrak{a}b : Ab)$

$\mathfrak{a}b : \mathfrak{a} = b\,(\mathfrak{a}:\mathfrak{a}) = Ab$ car A complètement intégralement clos

$\mathfrak{a}b : Ab = \mathfrak{a}$

d'où $\mathfrak{a} \cap Ab \subseteq \mathfrak{a}b : (\mathfrak{a} + Ab) \subseteq \mathfrak{a} \cap Ab$

Ainsi $\mathfrak{a} \cap Ab = \mathfrak{a}b : (\mathfrak{a} + Ab) = b\,[\mathfrak{a} : (\mathfrak{a} + Ab)] = b\,[A \cap \mathfrak{a}b^{-1}]$

Selon le lemme 1 : $(\mathfrak{a} + Ab)(Ab \cap \mathfrak{a}) \equiv \mathfrak{a}b\ (t)$

puis $(\mathfrak{a} + Ab)(A \cap \mathfrak{a}b^{-1}) \equiv \mathfrak{a}\ (t)$

Par hypothèse, il existe $\mathfrak{a}'$ et $\mathfrak{b}'$ idéaux de type fini tel que :

$$\mathfrak{a}b^{-1} \cap A \equiv \mathfrak{b}'\ (t) \quad , \quad \mathfrak{b}' \subseteq \mathfrak{a}b^{-1} \cap A$$
$$\mathfrak{a} + Ab \equiv \mathfrak{a}'\ (t) \quad , \quad \mathfrak{a}' \subseteq \mathfrak{a} + Ab$$

d'où $\mathfrak{a}'.\mathfrak{b}' \equiv \mathfrak{a}\ (t)$

avec $\mathfrak{a}'.\mathfrak{b}' \subseteq (\mathfrak{a} + Ab)(\mathfrak{a}b^{-1} \cap A) = b^{-1}(\mathfrak{a} + Ab)(\mathfrak{a} \cap Ab)$
$\subseteq b^{-1}\mathfrak{a}\ b = \mathfrak{a}$.

Donc $\mathfrak{a}$ est quasi-fini.

Lemme 3. -

Soit $\mathfrak{F}$ l'ensemble des idéaux d'un anneau A complètement intégralement clos qui ne sont pas quasi-finis. Si $\mathfrak{F}$ n'est pas vide, c'est un ensemble inductif pour la relation d'inclusion et, tout élément maximal de $\mathfrak{F}$ est un idéal premier.

Soit $\mathfrak{F}' \subset \mathfrak{F}$ une partie totalement ordonnée par inclusion. La réunion $\mathfrak{b}$ des idéaux de $\mathfrak{F}'$ ne peut être quasi-fini, sinon il existerait $\mathfrak{b}'$ idéal de type fini tel que $\mathfrak{b}' \subset \mathfrak{b}$ et $\mathfrak{b}' \equiv \mathfrak{b}$ $(\mathcal{t})$ et cela implique qu'il existerait $\mathfrak{a} \in \mathfrak{F}'$ tel que $\mathfrak{b}' \subset \mathfrak{a} \subset \mathfrak{b}$ d'où, par convexité des classes $\mathfrak{b}' \equiv \mathfrak{a}$ $(\mathcal{t})$ et $\mathfrak{a} \notin \mathfrak{F}$ contrairement à l'hypothèse, $\mathfrak{F}$ est donc inductif, par l'axiome de Zorn et $\mathfrak{F}$ admet un élément maximal $\mathfrak{p}$. Montrons que $\mathfrak{p}$ est premier. Dans le cas contraire, il existerait deux éléments a et b n'appartenant pas à $\mathfrak{p}$ et tels que ab $\in \mathfrak{p}$ donc $\mathfrak{p}$ + Ab et $\mathfrak{p}\, b^{-1} \cap A$ contiendraient $\mathfrak{p}$ et seraient distincts de $\mathfrak{p}$. Par hypothèse, ces deux idéaux seraient quasi-finis, donc il en serait de même de $\mathfrak{p}$, en vertu du lemme 2, ce qui est absurde.

Théorème 1. -

Soit A un anneau complètement intégralement clos. Les propriétés suivantes sont équivalentes :

1) A est un anneau de Krull
2) Tout idéal premier est quasi-fini

1) $\Longrightarrow$ 2) C'est clair.

2) $\Longrightarrow$ 1) S'il existait dans A un idéal non quasi-fini, il résulterait du lemme 3, l'existence d'un idéal premier de A non quasi-fini, contrairement à l'hypothèse. Tous les idéaux sont quasi-finis, donc A est de Mori.

Corollaire 1. -

Soit A un anneau complètement intégralement clos. Les propriétés suivantes sont équivalentes :

1) A est un anneau factoriel
2) Les idéaux premiers de hauteur 1 sont principaux, les autres idéaux premiers sont quasi-finis.

Un anneau factoriel est un anneau de Krull dont les idéaux premiers divisoriels sont principaux.

Lemme 4. -

Soit A un anneau complètement intégralement clos, $\mathcal{F}$ l'ensemble des idéaux entiers non quasi-finis, alors si $\mathfrak{p}$ est un idéal divisoriel maximal dans $\mathcal{F}$, $\mathfrak{p}$ est aussi maximal dans D(A) et il existe $\alpha \in K$ corps des quotients de A tel que $\mathfrak{p} = \mathfrak{a}_\alpha$.

$\mathfrak{p} + Ax \notin \mathcal{F}$ pour $x \notin \mathfrak{p}$, mais $\mathfrak{p} : \mathfrak{p} = A$, d'où $x\,\mathfrak{p} \subseteq \mathfrak{p}$ et $\mathfrak{p} \subseteq \mathfrak{p}\,x^{-1} \cap A$. Si $\mathfrak{p} \neq \mathfrak{p}\,x^{-1} \cap A$, alors $\mathfrak{p}\,x^{-1} \cap A \notin \mathcal{F}$ d'où suivant le lemme 3, $\mathfrak{p} \notin \mathcal{F}$ ce qui est absurde donc $\mathfrak{p} = \mathfrak{p}\,x^{-1} \cap A$ pour tout $x \notin \mathfrak{p}$. On a $(\mathfrak{p} + Ax)(A + \mathfrak{p}\,x^{-1}) \equiv \mathfrak{p}\ (\mathcal{A})$ d'où $\mathfrak{p} + Ax \equiv A\ (\mathcal{A})$ pour tout $x \notin \mathfrak{p}$. Ainsi $\mathfrak{p}$ est maximal dans D(A). Soit $\alpha \in (A : \mathfrak{p}) - \mathfrak{p}$. Alors $A \subsetneq A\alpha + A \subseteq A : \mathfrak{p}$ d'où $\mathfrak{p} \subseteq \mathfrak{a}_\alpha \subsetneq A$. Mais $\mathfrak{a}_\alpha \in D(A)$ donc $\mathfrak{p} = \mathfrak{a}_\alpha$

Théorème 2. -

Soit A un anneau complètement intégralement clos. Les conditions suivantes sont équivalentes :

1) A est un anneau de Krull de dimension 1, c'est à dire un anneau de Dedekind.

2) Tout idéal maximal est divisoriel.

2) $\Longrightarrow$ 1)

Soit $\mathcal{F}$ l'ensemble des idéaux entiers non quasi-finis. Si $\mathcal{F} \neq \emptyset$, il existe $\mathfrak{p} \in \mathcal{F}$ premier et maximal dans $\mathcal{F}$. Soit $\mathfrak{m}$ un idéal maximal contenant $\mathfrak{p}$. Puisque $\mathfrak{m}$ est divisoriel, $\mathfrak{p}$ est aussi divisoriel. Selon le lemme 4, est maximal dans D(A) donc $\mathfrak{p} = \mathfrak{m}$ et $\mathfrak{m} \in \mathcal{F}$. Mais un idéal maximal divisoriel d'un anneau complètement intégralement clos est inversible d'où contradiction avec $\mathfrak{m} \in \mathcal{F}$. Finalement, $\mathcal{F} = \emptyset$ et A est un anneau de Krull. Les idéaux maximaux sont inversibles donc de hauteur 1.

1) $\Longrightarrow$ 2) Immédiat.

Ce résultat est bien connu.

II - IDEAUX DIVISORIELS D'UN ANNEAU DE POLYNOMES. -

Lemme 1. -

Si A est intégralement clos et f et $g \in K[X]$, alors $\mathfrak{C}(f)\ \mathfrak{C}(g) \equiv \mathfrak{C}(fg)\ (\mathcal{A})$.

Suivant [1] 8-3, p. 37, on a pour un certain entier n
$[\mathfrak{C}(f)]^{n+1}\ \mathfrak{C}(g) = [\mathfrak{C}(f)]^{n}\ \mathfrak{C}(fg)$ d'où
$\mathfrak{C}(f)\mathfrak{C}(g) \subset [\mathfrak{C}(f)]^{n+1}\ \mathfrak{C}(g) : [\mathfrak{C}(f)]^{n} = [\mathfrak{C}(f)]^{n}\ \mathfrak{C}(h) : [\mathfrak{C}(f)]^{n}$
avec $h = fg$
$\mathfrak{C}(f)\mathfrak{C}(g) : \mathfrak{C}(h) \subset [\mathfrak{C}(f)]^{n}\ \mathfrak{C}(h) : [\mathfrak{C}(f)]^{n}\ \mathfrak{C}(h) = A$ car A intégralement clos
Mais $\mathfrak{C}(h) \subset \mathfrak{C}(f)\ \mathfrak{C}(g)$ d'où $A = \mathfrak{C}(h) : \mathfrak{C}(h) \subset \mathfrak{C}(f)\mathfrak{C}(g) : \mathfrak{C}(h)$.
Finalement, $\mathfrak{C}(f)\mathfrak{C}(g) : \mathfrak{C}(h) = A$ puis $\mathfrak{C}(f)\mathfrak{C}(g) : \mathfrak{C}(h)\mathfrak{C}(f)\mathfrak{C}(g) = A : \mathfrak{C}(f)\mathfrak{C}(g)$;
enfin $A : \mathfrak{C}(h) = A : \mathfrak{C}(f)\mathfrak{C}(g)$.

Lemme 2. -

Si A est intégralement clos et $f \neq 0$ dans B, alors $fK[X] \cap B = f(A : \mathfrak{C}(f)B$.

Soit $h \in fK[X] \cap B$, il existe $g \in K[X]$ tel que $h = fg$;
$h \in B$ implique $\mathfrak{C}(h) \subset A$ et selon le lemme 1, $\mathfrak{C}(f)\ \mathfrak{C}(g) \subset A$ puis
$\mathfrak{C}(g) \subset (A : \mathfrak{C}(f))$ d'où $g \in (A : \mathfrak{C}(f))B$ et enfin $h \in f\ (A : \mathfrak{C}(f))B$.
Ainsi, $fK[X] \cap B \subseteq f(A : \mathfrak{C}(f))B$. Réciproquement, si $h \in f(A : \mathfrak{C}(f))B$,
il existe $g \in K[X]$ tel que $g \in (A : \mathfrak{C}(f))B$ d'où $\mathfrak{C}(g) \subset (A : \mathfrak{C}(f))$ puis
$\mathfrak{C}(fg) \subset A$ donc $h = fg \in B$ et $f(A : \mathfrak{C}(f))B \subseteq fK[X] \cap B$ d'où l'égalité.

Lemme 3. -

Si $\mathfrak{a}_1$ est un idéal divisoriel de B et $\mathfrak{a} = \mathfrak{a}_1 \cap K \neq 0$, alors $\mathfrak{a} = \bigcap \{ c\ (A : \mathfrak{C}(g)) \mid \mathfrak{a}_1 \subseteq Bcg^{-1},\ c \in A,\ g \in B \}$ donc idéal divisoriel de A.

Ce lemme exige une remarque initiale : si $f, h \in B$ tel que $fh^{-1}B \cap K \neq (0)$, alors il existe $c \in A$ et $g \in B$ tel que $fh^{-1}B = cg^{-1}B$ avec $c \neq 0$.

Puisque $\mathfrak{a}_1$ est divisoriel $\mathfrak{a}_1 = \cap \{ fh^{-1} B \mid \mathfrak{a}_1 \subset Bfh^{-1} \} = \cap Bcg^{-1} \mid \mathfrak{a}_1 \subset Bcg^{-1}$; $c \in A$, $g \in B\}$.

Soit $x \in \mathfrak{a}$, alors pour tout $g \in B$ et tout $c \in A$ tel que $\mathfrak{a}_1 \subset Bcg^{-1}$, on a $xg \in Bc$ et donc $x\, \mathfrak{C}(g) \subset Ac$ d'où $x \in \mathfrak{b} = \cap \{ c(A : \mathfrak{C}(g)) \mid \mathfrak{a}_1 \subset Bcg^{-1} \}$ et $\mathfrak{a} \subseteq \mathfrak{b}$. Réciproquement, soit $x \in \mathfrak{b}$, alors $x\, \mathfrak{C}(g) \subset Ac$ quel que soit $g \in B$, $c \in A$ tel que $\mathfrak{a}_1 \subseteq Bcg^{-1}$, d'où $\mathfrak{C}(g) \subset Acx^{-1}$ et $g \in Bcx^{-1}$ puis $x \in Bcg^{-1}$ d'où $x \in \cap\{ Bcg^{-1} \mid \mathfrak{a}_1 \subseteq Bcg^{-1}\} = \mathfrak{a}_1$; mais $x \in A$ d'où $x \in \mathfrak{a}_1 \cap K = \mathfrak{a}$ et donc $\mathfrak{a} = \mathfrak{b} = \cap \{ c(A : \mathfrak{C}(g)) \mid \mathfrak{a}_1 \subseteq Bcg^{-1}\}$.

<u>Lemme 4</u>. -

<u>Soit A un anneau intégralement clos et $\mathfrak{a}_1$ un idéal divisoriel entier de B.</u>

1) <u>Si $\mathfrak{a}_1 \cap K = \mathfrak{a} \neq (0)$, alors $\mathfrak{a} B = \mathfrak{a}_1$</u>

2) <u>Si $\mathfrak{a}_1 \cap K = (0)$, alors il existe f dans B et $\mathfrak{a}$ idéal divisoriel entier de A tel que $\mathfrak{a} f B \equiv \mathfrak{a}_1 \mathfrak{C}(f)B(\mathcal{A})$.</u>

1) D'après le lemme 3 ci-dessus, $\mathfrak{a} = \mathfrak{a}_1 \cap K = \cap \{ c(A : \mathfrak{C}(g)) \mid \mathfrak{a}_1 \subseteq Bcg^{-1}$; $c \in A$, $g \in B \}$.

Si $f \in \mathfrak{a}_1$, alors $fg \in Bc$ pour tout c et tout g tel que $\mathfrak{a}_1 \subseteq Bcg^{-1}$ donc $\mathfrak{C}(fg) \subset Ac$ et puisque A est intégralement clos d'après le lemme 1, $\mathfrak{C}(f)\mathfrak{C}(g) \subset [\mathfrak{C}(fg)]_v \subset Ac$ puis $\mathfrak{C}(f) \subset [Ac : \mathfrak{C}(g)]$ d'où $\mathfrak{C}(f) \subset \cap \{ c(A : \mathfrak{C}(g)) \mid \mathfrak{a}_1 \subseteq Bcg^{-1} \} = \mathfrak{a}$ donc $f \in \mathfrak{a} B$ et $\mathfrak{a}_1 \subseteq \mathfrak{a} B$ mais $\mathfrak{a} B \subseteq \mathfrak{a}_1$ d'où l'égalité $\mathfrak{a}_1 = \mathfrak{a} B$.

2) Si $\mathfrak{a}_1 \cap K = (0)$, alors $\mathfrak{a}_1 K[X] = fK[X]$, car $K[X] = S^{-1}B$ avec $S = A - \{0\}$ et $K[X]$ principal. D'après le lemme 2, $\mathfrak{a}_1 \subseteq fK[X] \cap B = f(A : \mathfrak{C}(f))B$. Posons $\mathfrak{a}_1' = (f^{-1}\mathfrak{C}(f)\mathfrak{a}_1)_v$; $f^{-1}\mathfrak{C}(f)\mathfrak{a}_1 \subseteq B$ donc $\mathfrak{a}_1'$ est un idéal divisoriel entier de B , de plus $f^{-1}\mathfrak{C}(f)\mathfrak{a}_1 K[X] = \mathfrak{a}_1' K[X] = K[X]$ donc $\mathfrak{a}_1' \cap K = (0)$ et selon la première partie du lemme, il existe $\mathfrak{a}$ idéal divisoriel de A tel que $\mathfrak{a}_1' = \mathfrak{a} B$ donc $\mathfrak{a} B \equiv f^{-1}\mathfrak{C}(f)\mathfrak{a}_1(\mathcal{A})$ puis $f\mathfrak{a} B \equiv \mathfrak{C}(f)\mathfrak{a}_1(\mathcal{A})$. On remarquera que cette relation englobe le cas $\mathfrak{a}_1 \cap K \neq 0$ en adoptant pour ce dernier $f = 1$.

Remarques

1. Soit $\mathfrak{a}_1$ un idéal divisoriel quelconque de B ; alors il existe $h \in B$ tel que $h\mathfrak{a}_1 \subset B$ et selon le lemme 4, il existe $f \in B$ et $\mathfrak{a}$ divisoriel entier de A tel que $f\mathfrak{a}B \equiv \mathfrak{c}(f)\, h\, \mathfrak{a}_1 (\mathfrak{t})$ d'où $fh^{-1}\mathfrak{a}B \equiv \mathfrak{c}(f)\,\mathfrak{a}_1(\mathfrak{t})$.

2. Si $\mathfrak{c}(f)$ est inversible mod $\mathfrak{t}$, ce qui est le cas si A est cohérent ou A complètement intégralement clos, alors $f(A : \mathfrak{c}(f))\mathfrak{a}\, B \equiv \mathfrak{a}_1 (\mathfrak{t})$ d'où si $\mathfrak{a}' = [(A : \mathfrak{c}(f))\mathfrak{a}]_v$, $\mathfrak{a}_1 = f\,\mathfrak{a}'B$.

Théorème 1

Si A est complètement intégralement clos (resp. Krull, resp. factoriel), il en est de même de B.

Ces résultats sont classiques, mais le lemme 4 et le théorème I-1 en donnent des démonstrations nouvelles.

A est complètement intégralement clos si et seulement si pour tout idéal divisoriel $\mathfrak{a}$ on a $\mathfrak{a} : \mathfrak{a} = A$. Soit donc $\mathfrak{a}_1$ un idéal divisoriel de B, suivant la remarque ci-dessus, il existe $\mathfrak{a}'$ idéal divisoriel de A et $f \in K(X)$ tel que $\mathfrak{a}_1 = f\,\mathfrak{a}'B$ donc $\mathfrak{a}_1 : \mathfrak{a}_1 = f\,\mathfrak{a}'\,B : f\,\mathfrak{a}'\,B = (\mathfrak{a}' : \mathfrak{a}')B = B$.

Supposons A de Krull et $\mathfrak{p}_1$ un idéal premier de B. Distinguons deux cas :

1) $\mathfrak{p}_1 \cap A = \mathfrak{p} \neq (0)$ donc $\mathfrak{p}B \subseteq \mathfrak{p}_1$. Si $\mathfrak{p}_1$ n'est pas divisoriel, alors $\mathfrak{p}B \equiv \mathfrak{p}_1 \equiv B\ (\mathfrak{t})$ et $\mathfrak{p}_1$ est quasi-fini puisque $\mathfrak{p}B$ l'est.
Si $\mathfrak{p}$ est divisoriel dans A, soit $f \in \mathfrak{p}_1 - \mathfrak{p}B$. Montrons que $\mathfrak{p}B \cap fB = \mathfrak{p}fB$. Soit $h \in \mathfrak{p}B \cap fB$, donc $\mathfrak{c}(h) \subset \mathfrak{p}$ et $h = fg$ avec $(g \in B)$. Selon le lemme 1, $\mathfrak{c}(f)\,\mathfrak{c}(g) \subset (\mathfrak{c}(h))_v \subset \mathfrak{p}$ car $\mathfrak{p}$ divisoriel. Par hypothèse, $\mathfrak{c}(f) \not\subset \mathfrak{p}$ donc $\mathfrak{c}(g) \subset \mathfrak{p}$ et $g \in \mathfrak{p}B$ puis $h \in f\mathfrak{p}B$. Puisque B est complètement intégralement clos, $(\mathfrak{p}B + fB)(\mathfrak{p}B \cap fB) \equiv \mathfrak{p}fB\ (\mathfrak{t})$ d'où $\mathfrak{p}B + fB \equiv B\ (\mathfrak{t})$ d'où $\mathfrak{p}B + fB \equiv \mathfrak{p}_1\ (\mathfrak{t})$ et $\mathfrak{p}_1$ est encore quasi-fini.

2) $\mathfrak{p}_1 \cap A = (0)$, alors $\mathfrak{p}_1 K[X] = f K[X]$ et $\mathfrak{p}_1 = f(A : \mathfrak{c}(f))B$ d'après le lemme 2. Il est clair que $\mathfrak{p}_1$ est encore quasi-fini. Suivant le théorème I-1, B est donc un anneau de Krull. Un anneau de Krull est factoriel si les idéaux premiers de hauteur 1 sont principaux. Le lemme 4 rend évident le passage de la factorialité de A à B.

Théorème 2. -

Si A est un anneau complètement intégralement clos, alors les groupes C(A) et C(B) sont canoniquement isomorphes.

D(A) désigne le groupe des idéaux divisoriels, F(A) celui des idéaux principaux. Il est classique que $j : D(A) \longrightarrow D(B)$ tel que $j(a_v) = B\,\mathfrak{a}_v\,F(B)$ est un morphisme de groupes. C'est un épimorphisme d'après le lemme 4 ; en effet, si $\mathfrak{a}_1$ est un idéal divisoriel, il existe f, h dans B et $\mathfrak{a}$ divisoriel dans A tel que $fh^{-1}\mathfrak{a}B = \mathfrak{a}_1$ d'où $j^{-1}(\mathfrak{a}_1 F(B)) = \mathfrak{a}$.
$\ker j = \{\mathfrak{a}_v \in D(A) \mid B\mathfrak{a}_v F(B) = F(B)\}$ donc $B\mathfrak{a}_v = Bf$ d'où f inversible dans $K[X]$ donc $\mathfrak{a}_v \in F(A)$, c'est-à-dire $\ker j = F(A)$ d'où le résultat.

Théorème 3. -

Si A est un anneau de Krull, alors les groupes C(A) et C(R) sont canoniquement isomorphes.

Montrons que la partie multiplicative Σ est engendrée par des éléments premiers de B ; $B/_{FB}$ pour $f \in \Sigma$ est A-plat [7]. En particulier, pour tout idéal $\mathfrak{a}$ de type fini de A $\mathfrak{a}B \cap fB = \mathfrak{a}fB$ [3] p. 8. Puisque B est complètement intégralement clos $(\mathfrak{a}B + fB)(\mathfrak{a}B \cap fB) \equiv \mathfrak{a}fB\ (\mathcal{A})$ d'où $\mathfrak{a}B + fB \equiv B\ (\mathcal{A})$. Puisque A est de Krull pour tout idéal $\mathfrak{c}$, il existe $\mathfrak{a}$ idéal de type fini tel que $\mathfrak{a} \subset \mathfrak{c}$ et $\mathfrak{a} \equiv \mathfrak{c}\ (\mathcal{A})$ [4] donc pour tout idéal $\mathfrak{c}$ de A $\mathfrak{c}B + fB \equiv B\ (\mathcal{A})$. Puisque A est de Krull, fB idéal divisoriel est contenu dans un idéal divisoriel premier $\mathfrak{p}_1$ de hauteur 1 : $fB \subseteq \mathfrak{p}_1 \subsetneqq B$. Si $\mathfrak{p}_1 \cap K \neq (0)$, alors $\mathfrak{p}_1 = \mathfrak{p}B$ $(\mathfrak{p} \in X^{(1)}(A))$ donc $\mathfrak{p}_1 + fB \equiv B\ (\mathcal{A})$ d'où $\mathfrak{p}_1 \equiv B\ (\mathcal{A})$ et $\mathfrak{p}_1 = B$ contrairement à l'hypothèse. Aussi $\mathfrak{p}_1 \cap K = (0)$ et $\mathfrak{p}_1 = g_1 B$. Ainsi tout idéal premier divisoriel contenant f est principal ; mais $fB \equiv \prod \mathfrak{p}_{1i}^{e_i}\ (\mathcal{A})$ donc $fB = \prod g_{1i}^{e_i} B$ (avec g_{1i} élément premier de B).

Si $\mathfrak{c}(g_1) \neq A$, il existe un idéal maximal $\mathfrak{m}$ de A tel que $\mathfrak{c}(g_1) \subset \mathfrak{m}$ et $g_1 \in \mathfrak{m}B$, d'où $f \in \mathfrak{m}B$ contrairement à l'hypothèse $\mathfrak{c}(f) = A$ donc $\mathfrak{c}(g_1) = A$ et $g_1 \in \Sigma$; Σ est donc engendré par des éléments premiers de B. Un résultat classique [1] p. 36 montre que C(A) et C(R) sont des groupes canoniquement isomorphes.

Samuel [8] (1961), p. 161, donne une démonstration de ce résultat dans le cas où A est local.

BIBLIOGRAPHIE

[1] FOSSUM
Ergebrusse der Mathematik band 74 (Springer) - Berlin (1973)

[2] NAGATA
Local rings . Interscience Publishers Inc. New York (1962)

[3] NAGATA
On flat extensions of a ring.
Séminaire de Math Sup (1970) (Presses de l'Université de Montréal)

[4] QUERRE
Bull. Sc. Math. 95 ; p. 341-354 (1971)

[5] QUERRE
C.R. Acad. Sc. Paris - t. 279 (1974)

[6] GILMER
Multiplicative ideal theory.
Derker Inc. New York (1972)

[7] OHM-RUSH
The finiteness of I when R X $/_I$ is flat.
Trans. of Am. Math. Sc. - Volume 171 (sept. 1972)

[8] SAMUEL
Anneaux factoriels. Bull. Soc. Math. France (89 - 1961 - p. 155 à 173)

REPRESENTATIONS DE GROUPES DE WEYL ET ELEMENTS NILPOTENTS D'ALGEBRES DE LIE

T.A. SPRINGER

1. Un groupe de Weyl est, rappelons-le, un groupe fini de transformations linéaires d'un espace euclidien, qui est engendré par des réflections par rapport à des hyperplans, et qui laisse invariant un réseau dans l'espace. L'exemple le plus simple est celui du groupe symétrique $\mathfrak{S}_n$, opérant par permutation des coordonnées dans le sous-espace de $\mathbb{R}^n$ des vecteurs dont la somme des coordonnées est 0 .

La classification des groupes de Weyl irréducibles est bien connue, il y a une relation étroite avec la classification des algèbres de Lie simples sur $\mathbb{C}$. Comme on possède une classification complète des groupes de Weyl, il est en principe possible de vérifier, par une étude cas par cas, des propriétés générales des groupes de Weyl. C'est ainsi, par exemple, qu'on a démontré le résultat suivant : toute représentation complexe d'un groupe de Weyl est définie sur $\mathbb{Q}$ ([1], pour $\mathfrak{S}_n$ c'est essentiellement un résultat d'A. Young qui date de 1902). Le problème se pose de trouver une classification générale (ne procédant pas cas par cas) des représentations irréducibles des groupes de Weyl, qui permet de mieux comprendre des résultats comme celui qu'on vient de citer. On va parler ici d'une construction générale de représentations d'un groupe de Weyl, qui entraîne une réalisation des représentations irréductibles. Cette construction relie les représentations d'un groupe de Weyl aux éléments nilpotents d'une algèbre de Lie semi-simple correspondante. Nous allons nous borner ici à esquisser, sans démonstrations, la construction des représentations en question. Un exposé plus détaillé paraîtra ailleurs, en continuation de [6].

2. Soit G un groupe de Lie semi-simple complexe, qu'on supposera adjoint. Soit $\mathfrak{g}$ son algèbre de Lie et désignons par $B(\ ,\ )$ la forme de Killing. Soit T un tore maximal de G (au sens de la théorie des groupes algébriques). Son algèbre de Lie $\mathfrak{t}$ est une sous-algèbre de Cartan de $\mathfrak{g}$. On dénote l'ensemble des éléments réguliers de $\mathfrak{t}$ par $\mathfrak{t}_0$. Posons $X = G/T \times \mathfrak{t}_0$. Fixons un élément nilpotent A de $\mathfrak{g}$ et soit f la fonction sur X définie par

$$f(gT, A') = B(A, \mathrm{Ad}(g)\, A')$$

(où Ad dénote la représentation adjointe).

La méthode que nous avons suivi pour construire les représentations utilise une étude cohomologique des fibres de la fonction f, qui rappelle celle qu'on fait en théorie des singularités. La fibre "spéciale" est $X_0 = f^{-1}\,0$. Il est à noter que la fonction f est lisse et non-propre.

Soit $X_1 = f^{-1}\,1$. Si $A \neq 0$, le théorème de Jacobson-Morozov fournit un sous-tore S de dimension 1 de G et un caractère α de S tel que

$$\mathrm{Ad}(s)\,A = \alpha(s)A\ ,$$

et $\alpha(s) = 1$ implique $s^2 = 1$ (ceci résulte des résultats de [2, E, III, §4]). On voit alors que $((gT, A'), s) \longmapsto (sgT, A')$ définit un morphisme surjectif de variétés algébriques

$$(1) \qquad \phi : X_1 \times S \longrightarrow X - X_0$$

qui est ou bien bijectif, ou bien un recouvrement non-ramifié à deux feuillets.

Soit N le normalisateur de T dans G et $W = N/T$ le groupe de Weyl. Si $w \in W$ on désigne par n_w un représentant. W opère sur X par

$$w.(gT, A') = (gn_w^{-1}, \mathrm{Ad}(n_w), A')\ ,$$

et les fibres de f sont W-stables.

Soit $Z(A)$ le centralisateur de A dans G ,

$$Z(A) = \{g \in G \mid Ad(g)A = A\} ,$$

et $Z(A)^0$ sa composante connexe. Nous posons $C(A) = Z(A)/Z(A)^0$, c'est un groupe fini. $Z(A)$ opère sur X par

$$z.(gT, A') = (zgT, A') ,$$

les fibres de f sont stables et les opérations de $Z(A)$ commutent avec celles de W .

On désigne par $\mathfrak{B}$ la variété des sous-groupes de Borel de G , posons $\dim \mathfrak{B} = d$. Soit $\mathfrak{B}_A$ la sous-variété de $\mathfrak{B}$ des groupes de Borel dont l'algèbre de Lie contient A . C'est une variété algébrique projective.

3. On travaillera en cohomologie à support compact, à coefficients dans un corps algébriquement clos E , de caractéristique 0 . Soit $\pi : X \longrightarrow \mathfrak{t}_0$, et soit π_{X_0} ,..., la restriction à X_0 ,..., . On dénote par $R^*\pi_{X_0,!}$ ... les foncteurs image direct à support compact. W opère sur $\mathfrak{t}_0$, et la projection π est W-equivariante. Donc W opère sur les faisceaux $R^*\pi_{X_0,!} E$.

<u>Théorème</u> 1. <u>Il existe un sous-faisceau</u> <u>W-stable</u> $\mathcal{S}^*$ <u>de</u> $R^*\pi_{X_0,!}E$ <u>isomorphe au faisceau constant</u> $H^{n-2d}(\mathfrak{B}_A, E)$.

On utilise la suite exacte

$$\cdots \longrightarrow R^n\pi_! E \longrightarrow R^n\pi_{X_0,!} E \xrightarrow{\delta} R^{n+1}\pi_{X-X_0,!} E \longrightarrow \cdots ,$$

et l'isomorphisme suivant, qui résulte de (1)

$$R^{n+1}\pi_{X-X_0,!} E \xrightarrow{\sim} (R^n\pi_{X_1,!} E)^M \oplus (R^{n+1}\pi_{X_1,!} E)^M ,$$

où M est la "transformation de monodromie" (d'ordre 1 ou 2).

Le théorème 1 fournit des représentations de W dans $H^*(\mathfrak{B}_A, E)$.

Le centralisateur $Z(A)$ opère sur tous les faisceaux en question, et $Z(A)^0$ opère trivialement. Il en résulte une représentation de $C(A)$ dans $H^*(\mathfrak{B}_A, E)$ qui commute à W .

Si ϕ est un caractère irréductible de $C(A)$, désignons par $H^*(\mathcal{B}_A, E)_\phi$ le sous-espace isotypique correspondant. Il est W-stable.

On sait que

$$e(A) = \dim \mathcal{B}_A = \tfrac{1}{2}(\dim Z(A) - \text{rang } G)$$

(voir [6, 6.7]).

Théorème 2. $C(A) \times W$ opère irréductiblement dans les espaces $H^{2e(A)}(\mathcal{B}_A, E)_\phi$ qui sont $\neq 0$, cette représentation détermine une représentation irréductible de W. Toute représentation irréductible de W s'obtient de cette façon et A, ϕ sont alors uniques à conjugaison près.

4. La démonstration des théorèmes est, pour le moment, quelque peu contournée. Elle utilise une réduction de caractéristique 0 à caractéristique p .

Soit k un corps algébriquement clos de caractéristique p assez grande. Alors les objets du n°.2 existent sur k et les théorèmes gardent un sens, si on travaille en cohomologie ℓ-adique. En utilisant :

a) que la classification des nilpotents de $\mathfrak{g}$ en caractéristique p (assez grande) est "la même" que la classification sur $\mathbb{C}$ [2, p. 247];

b) la réduction modulo p ;

c) le théorème de comparaison de [5, exp. XVII],

on voit qu'il suffit de démontrer les théorèmes en caractéristique p (assez grande).

Soit alors $\ell \neq p$ un nombre premier et prenons $E = \bar{\mathbb{Q}}_\ell$. Soit q une puissance de p et désignons par $Y \subset k \times X$ la variété algébrique des $(x, (gT, A'))$ tels que

$$x^q - x = B(A, \text{Ad}(g)\, A') .$$

Le groupe additif $\mathbb{F}_q$ opère sur Y :

$$a(x, (gT, A')) = (x+a, (gT, A')) ,$$

donc $\mathbb{F}_q$ opère sur la cohomologie ℓ-adique de Y (à support propre).
Soit $\psi : \mathbb{F}_q \longrightarrow E^*$ un caractère non-trivial, et soit $H^*_c(Y, E)_\psi$ la partie ψ-isotypique de la cohomologie de Y . Il existe un faisceau ℓ-adique localement constant $\mathcal{S}_\psi$ sur X tel que

$$H^*_c(Y, E)_\psi = H^*_c(X, \mathcal{S}_\psi) ,$$

et on constate que la restriction $\mathcal{S}_{\psi}|X_0$ est le faisceau constant E . En utilisant ce fait et les résultats sur la cohomologie de Y (ou $\mathcal{S}_{\psi}$) obtenus dans [6, n°.4] on arrive à démontrer le théorème 1 .

Supposons G défini sur $\mathbb{F}_q$, ainsi que A et A' . Les résultats mentionnés sont utilisés dans [loc.cit.] pour étudier des sommes trigonométriques comme

$$\sum_{g \in G(\mathbb{F}_q)} \psi(B(A, \mathrm{Ad}(g)A')) \quad .$$

Le théorème 2 se trouve dans [loc.cit., 6.10] et est démontré en utilisant :

a) des relations d'orthogonalité pour ces sommes trigonomégriques,

b) l'étude de leur comportement asymptotique pour $q \longrightarrow \infty$.

5. Pour terminer nous indiquerons quelques applications des théorèmes.

Soit G un groupe algébrique réductif connexe défini sur $\mathbb{F}_q$. Soit F l'endomorphisme de Frobenius correspondant de G . Dans [3], Deligne et Lusztig ont défini certaines représentations du groupe fini $G^F = G(\mathbb{F}_q)$. Plus précisément, soit T un tore maximal F-stable de G . Alors pour tout caractère θ du groupe fini T^F (à valeurs dans un corps E de caractèristique 0 convenable) on définit une représentation virtuelle R_T^{θ} de G^F [loc.cit., §4] . Si $u \in G^F$ est unipotent, la valeur $Q_{T,G}(u)$ du caractère de R_T^{θ} sur u est indépendante du choix de θ .

Soit W le groupe de Weyl de T . Les G^F-classes de conjugaison de tores maximaux F-stables de G sont paramétrées par les éléments de W , modulo une relation d'équivalence. Soit T_w un tore défini par $w \in W$.

Si la caractéristique p de $\mathbb{F}_q$ est bonne, il y a une bijection de l'ensemble des unipotents de G sur l'ensemble des nilpotents de l'algèbre de Lie de G , qui est compatible avec F et les actions de G (par automorphismes intérieurs et par la représentation adjointe, respectivement). Si $u \in G$ est unipotent, soit $\mathfrak{B}_u$ la variété des sous-groupes de Borel contenant u . On voit alors que les représentations de W dans $H^*(\mathfrak{B}_A, E)$ du théorème 1 se remontent en des représentations de W dans les $H^*(\mathfrak{B}_u, E)$. Fixons $u \in G^F$, et soit ρ^i la représentation de W dans $H^i(\mathfrak{B}_u, E)$.

Le théorème suivant donne une formule des caractères des éléments unipotents de G^F , pour les représentations R_T^{θ} .

Théorème 3. Si p et q sont assez grands on a

$$Q_{T_W,G}(u) = \sum_{i \geq 0} (-1)^i \ \mathrm{Tr}(F^* \ \rho^i(w), H^i(\mathfrak{B}_u, E)) .$$

Ici, F^* dénote la transformation définie par F .

Le théorème 3 est une conséquence des résultats de [3] , [4] , [6] .

Mentionnons maintenant une application du théorème 2. Si la représentation de $C(A)$ à caractère ϕ est définie sur $\mathbb{Q}$ on peut prendre $E=\mathbb{Q}$ dans ce théorème et la représentation de W dans $H^{2e(A)}(\mathfrak{B}_A, \mathbb{Q})_\phi$ sera définie sur $\mathbb{Q}$.

Cette remarque implique le théorème suivant (où les notations sont comme aux nos 2 et 3).

Théorème 4. Supposons que G vérifie la condition suivante : pour tout nilpotent $A \in \mathfrak{g}$, les représentations irréducibles de $C(A)$ sont définies sur $\mathbb{Q}$.

Alors les représentations irréducibles de W sont définies sur Q .

Si G est un groupe classique, $C(A)$ est un produit de groupes cycliques d'ordre 2 [2, E, IV] et la condition du théorème 4 est vérifiée. La conclusion du théorème redonne alors des résultats d'A. Young et W. Specht, voir [1, p. 89] .
La condition est aussi vérifiée si G est simple de type G_2 ou F_4 .

D'autre part, si G est simple de type E_6, E_7, E_8 les $C(A)$ n'ont pas été déterminés, autant que je sache.

REFERENCES

[1] M. BERNARD, On the Schur indices of characters of the exceptional Weyl groups, Ann. of Math. 94 (1971), 89-107.

[2] A. BOREL & al., Seminar in algebraic groups and related finite groups, Lecture Notes in Math. N° 131, Springer-Verlag 1970.

[3] P. DELIGNE & G. LUSZTIG, Representations of reductive groups over finite fields, Ann. of Math. 103 (1976), 103-161.

[4] D.A. KAZHDAN, Proof of Springer's hypothesis, à paraître.

[5] SGA 4, Théorème des topos et cohomologie étale des schémas (séminaire dirigé par M. ARTIN, A. GROTHENDIECK et J.L. VERDIER), Lecture Notes in Math., 269, 270, 305, Springer-Verlag 1972/73.

[6] T.A. SPRINGER, Trogonometrical sums, Green functions of finite groups and representations of Weyl groups, Inn. Math. 36 (1976), 173.207.

Mathematisch Instituut
der Rijksuniversiteit
te Utrecht - 1976

Manuscrit reçu le 8 Mars 1976

COMPORTEMENT DE L'APPLICATION DE DIXMIER PAR RAPPORT A L'ANTIAUTOMORPHISME PRINCIPAL POUR DES ALGEBRES DE LIE COMPLETEMENT RESOLUBLES

par Rudolf RENTSCHLER

0. Introduction

Soit k un corps de caractéristique 0 . Si $\underline{g}$ est une k-algèbre de Lie (de dimension finie) complètement résoluble, on a l'application de Dixmier $J : \underline{g} \longrightarrow \text{Prim } U(\underline{g})$ du dual $\underline{g}^*$ de $\underline{g}$ dans l'espace des idéaux primitifs de l'algèbre enveloppante $U(\underline{g})$ de $\underline{g}$. Soit Θ l'antiautomorphisme principal de $U(\underline{g})$ défini par $\Theta(x) = -x$ pour $x \in \underline{g}$. Le but de cet exposé est de démontrer que $J(-f) = \Theta(J(f))$ pour tout $f \in \underline{g}^*$ (*). Si $\underline{g}$ est nilpotente, ce résultat est du à Duflo ([2], lemme 3.1). Une conjecture plus forte est la suivante :

Conjecture - Si I est un idéal (bilatère) de l'algèbre enveloppante $U(\underline{h})$ d'une sous-algèbre $\underline{h}$ d'une k-algèbre de Lie $\underline{g}$, alors l'idéal induit tordu à gauche par I dans $U(\underline{g})$ coïncide avec l'idéal induit tordu à droite par I dans $U(\underline{g})$.

Cette conjecture est vraie pour $\underline{g}$ nilpotente. Comme conséquence du résultat ci-dessus on verra qu'elle est aussi vraie si $\underline{g}$ est résoluble et I semi-premier.

(*) Entre temps ce résultat a été publié dans une note aux Comptes Rendus ([4]).

1. Idéaux induits

Si $\underline{g}$ est une k-algèbre de Lie et si $\lambda \in \underline{g}^*$ est tel que $\lambda([\underline{g},\underline{g}]) = 0$, notons τ_λ l'automorphisme de $U(\underline{g})$ défini par $\tau_\lambda(x) = x + \lambda(x)$ pour $x \in \underline{g}$. Si $\underline{h}$ est une sous-algèbre de $\underline{g}$, désignons par $\vartheta_{\underline{g},\underline{h}}$ la forme linéaire

$$\underline{h} \ni y \longmapsto 1/2 \ \mathrm{trace}(\mathrm{ad}_{\underline{g}} y) - 1/2 \ \mathrm{trace}(\mathrm{ad}_{\underline{h}} y) \in k .$$

Si M est un $U(\underline{h})$-module à gauche (resp. à droite) désignons par $\tilde{M}$ le $U(\underline{h})$-module à gauche (resp à droite) dont le k-espace sous-jacent est M et où la nouvelle multiplication $*$ avec des éléments $u \in U(\underline{h})$ est $u * m = \tau_\vartheta(u)m$ (resp $m * u = m\, \tau_{-\vartheta}(u)$) où $m \in M$ et $\vartheta = \vartheta_{\underline{g},\underline{h}}$.

Le $\underline{g}$-module à gauche (resp à droite)

$$U(\underline{g}) \otimes_{U(\underline{h})} \tilde{M} \qquad (\text{resp } \tilde{M} \otimes_{U(\underline{h})} U(\underline{g}))$$

est appelé le $\underline{g}$-module induit tordu à gauche par M (voir [1], 5.2.2) (resp le $\underline{g}$-module induit tordu à droite par M) et on le note $\mathrm{ind}^\sim(M, \underline{h}\uparrow\underline{g})$ (resp $\mathrm{ind}_r^\sim(M, \underline{h}\uparrow\underline{g})$).

Si I est l'annulateur de M dans $U(\underline{h})$, alors l'annulateur dans $U(\underline{g})$ de $\mathrm{ind}^\sim(M, \underline{h}\uparrow\underline{g})$ (resp de $\mathrm{ind}^\sim(M, \underline{h}\uparrow\underline{g})$) est le plus grand idéal de $U(\underline{g})$ contenu dans $U(\underline{g})\, \tau_{-\vartheta}(I)$ (resp dans $\tau_\vartheta(I)\, U(\underline{g})$). Nous allons donc définir l'induction tordue à gauche et à droite d'un idéal I de $U(\underline{h})$ de la façon suivante:

On pose $\mathrm{Ind}^\sim(I, \underline{h}\uparrow\underline{g}) :=$ le plus grand idéal de $U(\underline{g})$ contenu dans $U(\underline{g})\, \tau_{-\vartheta}(I)$

$\mathrm{Ind}_r^\sim(I, \underline{h}\uparrow\underline{g}) :=$ le plus grand idéal de $U(\underline{g})$ contenu dans $\tau_\vartheta(I)\, U(\underline{g})$ où $\vartheta = \vartheta_{\underline{g},\underline{h}}$.

Remarquons qu'on a les propriétés suivantes :

Lemme 1.1 -

On a $\mathrm{Ind}_r^\sim(I, \underline{h}\uparrow\underline{g}) = \theta(\mathrm{Ind}^\sim(\theta(I), \underline{h}\uparrow\underline{g}))$

En effet, si $\vartheta = \vartheta_{\underline{g},\underline{h}}$ alors

$$\theta\tau_{-\vartheta}(y) = \theta(y) - \vartheta(y)) = -y - \vartheta(y) = \tau_\vartheta\, \theta(y) \quad \text{pour tout } y \in \underline{h}$$

d'où $\theta(\tau_{-\vartheta}(I)\, U(\underline{g})) = U(\underline{g})\, \tau_\vartheta(\theta(I))$ et $\theta(\mathrm{Ind}_r(I, \underline{h}\uparrow\underline{g})) = \mathrm{Ind}(\theta(I), \underline{h}\uparrow\underline{g})$

Lemme 1.2 -
Si $\underline{h}_1 \subseteq \underline{h}_2$ sont deux sous-algèbres de $\underline{g}$ et si I est un idéal de $U(\underline{h}_1)$, alors $\mathrm{Ind}^{\sim}(\mathrm{Ind}^{\sim}(I, \underline{h}_1 \uparrow \underline{h}_2'), \underline{h}_2 \uparrow \underline{g}) = \mathrm{Ind}^{\sim}(I, \underline{h}_1 \uparrow \underline{g})$.

En effet, comme $\vartheta_{\underline{g},\underline{h}}(y) = \vartheta_{\underline{g},\underline{h}_1}(y) + \vartheta_{\underline{h}_2,\underline{h}_1}(y)$ pour tout $y \in \underline{h}_1$ les deux $U(\underline{g})$-modules

$$\mathrm{ind}^{\sim}(\mathrm{ind}^{\sim}(U(\underline{h})/I\ , \underline{h}_1 \uparrow \underline{h}_2)\ , \underline{h}_2 \uparrow \underline{g}) \quad \text{et} \quad \mathrm{ind}^{\sim}(U(\underline{g})/I\ , \underline{h}_1 \uparrow \underline{g})$$

sont isomorphes et leurs annulateurs coïncident.

Si $y \in \underline{g}$ on note par ad y la dérivation $u \longmapsto [y,u] = yu - uy$ $(u \in U(\underline{g}))$ de $U(\underline{g})$.

Lemme 1.3-
Si $\underline{g}_1$ est un idéal de codimension 1 de $\underline{g}$ et si I est un idéal de $U(\underline{g}_1)$, alors

$$\mathrm{Ind}^{\sim}(I, \underline{g}_1 \uparrow \underline{g}) = U(\underline{g})I_o = I_oU(\underline{g}) = \mathrm{Ind}_r^{\sim}(I, \underline{g}_1 \uparrow \underline{g})$$

où I_o est le plus grand idéal $(\mathrm{ad}(\underline{g}))$-stable de $U(\underline{g}_1)$ contenu dans I .

Démonstration - Soit $x \in \underline{g}$, $x \notin \underline{g}_1$. Si $u = \sum_{i=o}^{m} x^i u_i \in \mathrm{Ind}^{\sim}(I, \underline{g}_1 \uparrow \underline{g})$, $u_i \in U(\underline{g}_1)$ pour $i = 1, \dots, m$, alors

$$(\mathrm{ad}\ x)^n u = \sum_{i=o}^{m} x^i (\mathrm{ad}\ x)^n (u_i) \in \bigoplus_{n=o}^{\infty} x^r I \quad \text{pour tout } n ,$$

donc $(\mathrm{ad}\ x)^n u_i \in I$ pour $n = 0,1,\dots$ et $i = 0,1,\dots,m$. Par conséquent u_i appartient au plus grand idéal $(\mathrm{ad}\ \underline{g})$-stable contenu dans I . De la même façon on montre que $I_oU(\underline{g}) = \mathrm{Ind}_r^{\sim}(I, \underline{g}_1 \uparrow \underline{g})$.

COROLLAIRE 1.4 - Soit $\underline{h}$ une sous-algèbre d'une algèbre de Lie nilpotente $\underline{g}$. Pour tout idéal I de $U(\underline{h})$ on a $\mathrm{Ind}^{\sim}(I, \underline{h} \uparrow \underline{g}) = \mathrm{Ind}_r^{\sim}(I, \underline{h} \uparrow \underline{g})$

D'après le lemme 1.2 on peut supposer que $\underline{h}_1$ est une sous-algèbre de codimension 1 de $\underline{g}$, donc un idéal. Mais dans ce cas le lemme 1.3 donne le corollaire 1.4.

2 - Rappel et quelques propriétés de l'application de Dixmier

Dans ce paragraphe 2 on suppose que $\underline{g}$ soit complètement résoluble. Si $f \in \underline{g}^*$ on pose $\underline{g}(f) := \{x \in \underline{g} \mid f([x,\underline{g}]) = 0$.

Une polarisation de $\underline{g}$ en f est une sous-algèbre $\underline{h}$ de $\underline{g}$ telle que

i) $f([\underline{h},\underline{h}]) = 0$

et ii) $\dim \underline{h} = 1/2 (\dim \underline{g} + \dim \underline{g}(f))$

Comme $\underline{g}$ est complètement résoluble, il existe pour tout $f \in \underline{g}^*$ une polarisation $\underline{h}$ de $\underline{g}$ en f (Dixmier-Vergne [1]; 1. 12.10). Notons $k_{f|\underline{h}}$ le $U(\underline{h})$-module (à gauche et à droite) dont l'espace vectoriel sous-jacent est k et sur lequel l'opération de $\underline{h}$ est donnée par

$$y.a = a.y := f(y)a \qquad \text{pour } y \in \underline{h}, \ a \in k .$$

L'annulateur de $\operatorname{ind}^{\sim}(k_{f|\underline{h}}, \underline{h} \uparrow \underline{g})$ dans $\underline{g}$ ne dépend pas du choix d'une polarisation $\underline{h}$ de $\underline{g}$ en f (Dixmier [1]; 6.1.4) et on le note par J(f). Comme il existe des polarisations $\underline{h}$ de $\underline{g}$ en f telles que $\operatorname{ind}(k_{f|\underline{h}}, \underline{h} \uparrow \underline{g})$ soit (absolument) irréductible ([1], 6.1.1.), l'idéal J(f) est primitif (à gauche).

Comme $\underline{g}$ est résoluble, tout idéal premier de $U(\underline{g})$ est complètement premier ([1], 3.7.2) et les idéaux primitifs à gauche et à droite coïncident ([1], 4.5.7). L'application $J : \underline{g} \ni f \longmapsto J(f) \in \operatorname{Prim} U(\underline{g})$ est appelée <u>application de Dixmier</u>. Elle est surjective, si k est algébriquement clos ([1], 6.1.7).

D'après la définition de J on a $J(f) = \operatorname{Ind}^{\sim}(\operatorname{Ker}(\widehat{f|\underline{h}}), \underline{h} \uparrow \underline{g})$ pour toute polarisation $\underline{h}$ de $\underline{g}$ en f, si $\widehat{f|\underline{h}}$ désigne le prolongement unique de $f|\underline{h}$ en un homomorphisme de $U(\underline{h})$ dans k.

D'une façon analogue on peut définir une application de Dixmier à droite :

Si $f \in \underline{g}$ et si $\underline{h}$ est une polarisation de $\underline{g}$ en f, on pose

$$J_r(f) := \text{l'annulateur dans } U(\underline{g}) \text{ du module } \operatorname{ind}_r^{\sim}(k_{f|\underline{h}}, \underline{h} \uparrow \underline{g})$$

On a donc $J_r(f) = \operatorname{Ind}_r^{\sim}(\operatorname{Ker}(\widehat{f|\underline{h}}), \underline{h} \uparrow \underline{g})$. Comme

$$\Theta(\operatorname{Ker}(\widehat{f|\underline{h}})) = \operatorname{Ker}(\widehat{(-f)|\underline{h}}) \text{ , le lemme 1.1 entraîne } J_r(f) = \Theta(J(-f)).$$

Nous aurons besoin des propriétés suivantes de l'application de Dixmier.

<u>Lemme</u> 2.1 -

<u>($\underline{g}$ complètement résoluble) - Si</u> $f \in \underline{g}^*$ <u>et si</u> $\underline{g}_1$ <u>est une sous-algèbre de</u> $\underline{g}$ <u>contenant une polarisation</u> $\underline{h}$ de $\underline{g}$ <u>en</u> f, <u>alors</u> $J(f) = \operatorname{Ind}^{\sim}(J(f_1), \underline{g}_1 \uparrow \underline{g})$ <u>et</u> $J_r(f) = \operatorname{Ind}_r^{\sim}(J_r(f_1), \underline{g}_1 \uparrow \underline{g})$ <u>où</u> $f_1 := f|\underline{g}_1$.

Comme $\underline{h}$ est aussi une polarisation de $\underline{g}_1$ en f_1, ce lemme résulte du lemme 1.2.

Lemme 2.2 -

($\mathfrak{g}$ *complètement résoluble*) - *Soit* $f \in \mathfrak{g}^*$. *Si* $\mathfrak{g}_1$ *est un idéal de* $\mathfrak{g}$ *et si* $f_1 = f|\mathfrak{g}_1$, *alors* $J(f) \cap U(\mathfrak{g}_1)$ *est le plus grand idéal* $(\mathrm{ad}(\mathfrak{g}))$-*stable de* $U(\mathfrak{g}_1)$ *contenu dans* $J(f_1)$.

Pour la démonstration, voir [3], lemme 3.3.

Lemme 2.3 -

($\mathfrak{g}$ *complètement résoluble*) - *Soit* $f \in \mathfrak{g}^*$. *Si* $\mathfrak{g}_1$ *est un idéal de codimension* 1 *de* $\mathfrak{g}$ *contenant une polarisation* $\mathfrak{h}$ de $\mathfrak{g}$ en f *et si* $f_1 = f|\mathfrak{g}_1$, *alors* $J(f) = U(\mathfrak{g})\ (U(\mathfrak{g}_1) \cap J(f)) = (U(\mathfrak{g}_1) \cap J(f))\ U(\mathfrak{g})$.

En effet, ce lemme résulte du lemme 1.3 si on pose $I = J(f_1)$, $I_0 = J(f) \cap U(\mathfrak{g}_1)$ et si on applique le lemme 2.1 et le lemme 2.2.

3 - *Résultat*

Theorème 3.1 - *Si* $\mathfrak{g}$ *est une k-algèbre de Lie complètement résoluble, alors* $J(-f) = \theta(J(f))$ *pour tout* $f \in \mathfrak{g}^*$.

Démonstration - Par récurrence sur $\dim \mathfrak{g}$.
On a à démontrer que $J(f) = J_r(f)$ pour tout $f \in \mathfrak{g}^*$.
Si $f([\mathfrak{g},\mathfrak{g}]) = 0$, alors $J(f) = \mathrm{Ker}(\hat{f}) = J_r(f)$, où $\hat{f}$ est le prolongement unique de f en un homomorphisme de $U(g)$ dans k .
Supposons donc $f([\mathfrak{g},\mathfrak{g}]) \neq 0$ et $J(h) = J_r(h)$ pour tout h dans le dual d'une sous-algèbre propre de $\mathfrak{g}$. On a deux cas à distinguer :

a) $\mathfrak{g} \neq [\mathfrak{g},\mathfrak{g}] + \mathfrak{g}(f)$.

Soient $\mathfrak{g}_1$ un idéal de codimension 1 de $\mathfrak{g}$ contenant $[\mathfrak{g},\mathfrak{g}] + g(f)$, $f_1 := f|\mathfrak{g}_1$ et $\mathfrak{h}$ une polarisation de $\mathfrak{g}$ en f . Alors $\mathfrak{h}$ est aussi une polarisation de $\mathfrak{g}_1$ en f_1 . D'après le lemme 2.3 on a

$$J(f) = U(\mathfrak{g})\ (J(f) \cap U(\mathfrak{g}_1)) \quad \text{et} \quad J_r(f) = U(\mathfrak{g})\ (J_r(f) \cap U(\mathfrak{g}_1)) \ .$$

Comme $J(f) \cap U(\mathfrak{g}_1)$ est le plus grand idéal $\mathrm{ad}(\mathfrak{g})$-stable de $U(\mathfrak{g}_1)$ (lemme 2.2) contenu dans $J(f_1) = J_r(f_1)$, on a

$$J(f) \cap U(\mathfrak{g}_1) = J_r(f) \cap U(\mathfrak{g}_1) \quad \text{et} \quad J(f) = J_r(f) \ .$$

b) $\underline{g} = [\underline{g},\underline{g}] + \underline{g}(f)$

Soient $\underline{h}$ une polarisation de $\underline{g}$ en f et $\underline{g}_1$ une sous-algèbre de codimension 1 de $\underline{g}$ contenant $\underline{h}$. Comme $\underline{g}(f) \subset \underline{h}$, $\underline{g}_1$ n'est pas un idéal de $\underline{g}$.

Soit $\mu_1 \in \underline{g}_1^*$ la représentation de $\underline{g}_1$ dans $\underline{g}/\underline{g}_1$. Comme $\underline{g}$ est résoluble, μ_1 se prolonge en une représentation $\mu \in \underline{g}^*$ de $\underline{g}$. En effet, si $\underline{a} \subset \underline{b}$ sont deux idéaux de $\underline{g}$ tels que $\underline{a} \subset \underline{g}_1$, $\underline{b} \not\subset g_1$ et $\dim(\underline{b}/\underline{a}) = 1$, alors $\underline{g}/\underline{g}_1$ est isomorphe à $\underline{b}/\underline{a}$ comme $\underline{g}_1$-module. On pose $\underline{g}' := \mathrm{Ker}(\mu)$, $\underline{g}_2 := \mathrm{Ker}(\mu_1)$, $f' := f|\underline{g}'$ et $g := f|[\underline{g},\underline{g}]$. Comme $[\underline{g},\underline{g}]$ est nilpotente, $U([\underline{g},\underline{g}])/J(g)$ est isomorphe à une algèbre de Weyl $A_s(k)$ ([1], 4.7.9).

Rappelons que l'algèbre de Weyl $A_s(k)$ est l'algèbre engendré sur k par 2s générateurs $p_1,\ldots,p_s,q_1,\ldots,q_s$ qui sont liés par les relations $[p_i,p_j] = [q_i,q_j] = 0$, $[p_i,q_j] = \delta_{ij}$ pour $i,j = 1,\ldots s$. On voit facilement que k est le centre de $A_s(k)$.

Comme $\underline{g} = [\underline{g},\underline{g}] + \underline{g}(f)$, on a

$$J(g) = J(f) \cap U([g,g]) \;,\; J(f') = J(f) \cap U(\underline{g}')$$

et les deux injections

$$U([\underline{g},\underline{g}])/J(g) \hookrightarrow U(\underline{g}')/J(f') \hookrightarrow U(\underline{g})/J(f)$$

sont des isomorphismes ([3], prop 4.2). De façon analogue on a

$$J_r(f) \cap U(\underline{g}') = J_r(f') = J(f') \quad \text{et} \quad U(\underline{g}')/J_r(f') \xrightarrow{\sim} U(\underline{g})/J_r(f) \;.$$

Soit $\underline{k} := [\underline{g},\underline{g}] \cap \underline{g}_1$. Alors $\underline{k}$ est un idéal de codimension 1 de $[\underline{g},\underline{g}]$. Comme $\underline{g}(f) \cap [\underline{g},\underline{g}] \subseteq \underline{k}$, l'idéal $J(g) = J_r(g)$ de $U([\underline{g},\underline{g}])$ est engendré par $I := J(g) \cap U(\underline{k})$ (lemme 2.3). Soit $t \in \underline{g}(f)$ avec $\mu(t) = 1$, et soient t_ℓ et t_r des éléments de $U([\underline{g},\underline{g}])$ tels que $t-t_\ell \in J(f)$ et $t-t_r \in J_r(f)$. L'image de $t_r - t_\ell$ dans $U([\underline{g},\underline{g}])/J(g) = A_s(k)$ est central, donc un scalaire α. Comme l'idéal $J(f)$ est engendré par $J(f')$ et $t-t_\ell$ et que l'idéal $J_r(f)$ est engendré par $J_r(f') = J(f')$ et $t-t_r$, il suffit de démontrer que $\alpha = 0$.

Soit $x \in [\underline{g},\underline{g}]$ tel que $x \notin \underline{g}_1$. Ecrivons $t_1 = \sum_{i=0}^{m} x^i u_i$, où $u_i \in U(\underline{k})$ pour $i = 0,\ldots,m$. Alors $[t,x] = x+v$, où $v \in \underline{g}_1 \cap [\underline{g},\underline{g}] = \underline{k}$ et

$$(x+v) - (\sum_{i=0}^{m} x^i [u_i,x]) = [t-t_\ell,x] \in J(f) \cap U([\underline{g},\underline{g}]) = J(g) = \bigoplus_{n=0}^{\infty} I\, x^n \;.$$

Ceci entraîne $[u_\ell, x] - 1 \in I$, $[u_i, x] \in I$ pour $i = 2, \ldots, m$ et

$$t_\ell = \left(\sum_{i=0}^{m} u_i x^i\right) - 1 \mod J(g)$$

On peut donc supposer que $t_r = \left(\sum_{i=0}^{m} u_i x^i\right) - 1 + \alpha$. Comme $\vartheta_{\underline{g},\underline{g}_1} = (1/2)\mu$, on a d'après le lemme 2.1

$$J(f) \subseteq \bigoplus_{n=0}^{\infty} x^n \, \tau_{-\mu/2}(J(f_1)) \quad \text{et} \quad J_r(f) \subseteq \bigoplus_{n=0}^{\infty} \tau_{\mu/2}(J_r(f)) x^n ,$$

d'où $t - u_o \in \tau_{-\mu/2}(J(f_1))$ et $t - u_o + 1 - \alpha \in \tau_{\mu/2} \, J_r(f_1))$.

Comme $\tau_{\mu/2}(t) = t + 1/2$, $\tau_{\mu/2}(u_o) = u_o$ et $J_r(f_1) = J(f_1)$, on a

$$\alpha = \tau_{\mu/2}(t - u_o) - \tau_{-\mu/2}(t - u_o + 1 - \alpha) \in U(f_1) \cap k = 0$$

q.e.d.

4 - Un corollaire

Le théorème 3.1 permet de déduire

Proposition 4.1 - *Soit $\underline{g}$ une k-algèbre de Lie résoluble. Si $\underline{h}$ est une sous-algèbre de $\underline{g}$ et si I est un idéal semi-premier de $U(\underline{h})$, alors* $\mathrm{Ind}^{\sim}(I, \underline{h} \uparrow \underline{g}) = \mathrm{Ind}_r^{\sim}(I, \underline{h} \uparrow \underline{g})$.

Démonstration

a) Supposons d'abord que k soit algébriquement clos. Alors $J : \underline{g} \longrightarrow \mathrm{Prim}\, U(\underline{g})$ est surjective. Soit $F = \{\varphi \in \underline{h}^* \mid I \subseteq J(\varphi)\}$. Comme tout idéal semi-premier de $U(\underline{h})$ est intersection d'idéaux primitifs ([1], 3.1.15), on a $I = \bigcap_{\varphi \in F} J(\varphi)$. Soit $\pi : \underline{g} \longrightarrow \underline{h}^*$, $f \longmapsto f|\underline{h}$ la projection canonique.

D'après [5] on a $\mathrm{Ind}^{\sim}(J(\varphi), \underline{h} \uparrow \underline{g}) = \bigcap_{f \in \pi^{-1}(\varphi)} J(f)$ pour tout $\varphi \in \underline{h}^*$.
Ceci entraîne

$$\mathrm{Ind}^{\sim}(I, \underline{h} \uparrow \underline{g}) = \mathrm{Ind}\Big(\bigcap_{\varphi \in F} J(\varphi) , \underline{h} \uparrow \underline{g}\Big) = \bigcap_{f \in \pi^{-1}(F)} J(f) .$$

D'après le théorème 3.1 on a $J(\varphi) = J_r(\varphi)$ pour tout $\varphi \in \underline{h}^*$ et $J(f) = J_r(f)$ pour tout $f \in \underline{g}^*$, d'où $I = \bigcap_{\varphi \in F} J_r(\varphi)$

$$\text{et} \quad \mathrm{Ind}_r^{\sim}(I, \underline{h} \uparrow \underline{g}) = \bigcap_{f \in \pi^{-1}(F)} J_r(f) = \mathrm{Ind}^{\sim}(I, \underline{h} \uparrow \underline{g}) .$$

b) si k n'est pas algébriquement clos, soit $\bar{k}$ la cloture algébrique de k . On pose $\bar{\underline{g}} := \underline{g} \otimes_k \bar{k}$ et $\bar{\underline{h}} := \underline{h} \otimes_k \bar{k}$.

Si I est un idéal semi-premier de $U(\underline{h})$, alors $I \otimes_k \bar{k}$ est un idéal semi-premier de $U(\bar{\underline{h}})$ ([1], 3.4.2).

On a donc

$$\begin{aligned} \mathrm{Ind}^{\sim}(I,\underline{h}\uparrow\underline{g}) &= \mathrm{Ind}^{\sim}(I \otimes_k \bar{k} , \bar{\underline{h}}\uparrow\bar{\underline{g}}) \cap U(\underline{g}) \\ &= \mathrm{Ind}^{\sim}_r(I \otimes_k \bar{k} , \bar{\underline{h}}\uparrow\bar{\underline{g}}) \cap U(\underline{g}) \\ &= \mathrm{Ind}^{\sim}_r(I , \underline{h}\uparrow\underline{g}) \end{aligned}$$

q.e.d.

BIBLIOGRAPHIE

[1] J. DIXMIER - Algèbres enveloppantes. Paris, Gauthier-Villars, 1974.

[2] M. DUFLO - Sur les extensions des représentations irréductibles des groupes de Lie nilpotentes, Ann. scient. Ec. Norm. Sup., 4e série, t.5, 1972, p. 71-120.

[3] R. RENTSCHLER - L'injectivité de l'application de Dixmier pour des algèbres de Lie résolubles, Inventions Math., t. 23, 1974, p. 49-71.

[4] R. RENTSCHLER - Comportement de l'application de Dixmier par rapport à l'antiautomorphisme principal pour des algèbres de Lie résolubles, C.R. Acad. Sc. Paris, Série A, t. 282, 1976, p. 555-557.

[5] R. RENTSCHLER - Propriétés fonctorielles de l'application de Dixmier pour des algèbres de Lie résolubles. Preprint 1976.

Manuscrit reçu le 1er Avril 1976

QUOTIENT CATEGORIES AND WEYL ALGEBRAS

J.C. ROBSON

The aim, here, is to describe some recent results concerning Weyl algebras and to show how they are obtained. The topic of quotient categories provides the starting point for the theory.

We will not give results in maximum generality on the whole, but rather in sufficient detail to yield the desired facts concerning Weyl algebras. Further details can be found in the cited references. In particular the categorical aspects appear in [3]; the Weyl algebra and K-theoretic results are due to Stafford [4]; and the beginnings lie in some special cases, notably in results of Eisenbud and Robson [2] and Webber [5] .

§1 - Modules of finite (composition) length

The first result is basically elementary and can be interpreted as saying that a module of finite length is cyclic-unless there is an obvious **reason** to the contrary. The result is essentially given by [2, Lemma 3.1] .

THEOREM 1 - *Let* R *be a ring and* M *be an* R*-module of finite length.*

(a) M *is not cyclic if and only if* R *has a simple artinian factor ring* $\bar{R}$ *of length* n *and* M *has a homomorphic image* $\bar{M}$ *which is an* $\bar{R}$*-module of length* $n+1$;

(b) *If* M *is cyclic and* $M = aR + bR$ *for, some* $a, b \in M$, *then* $\exists f \in R$ *such that* $M = (a+bf)R$.

Proof (a) If $\bar{M}, \bar{R}$ exist then $\bar{M}$, and hence also M , cannot be cyclic.

Suppose conversely that $\bar{M}, \bar{R}$ do not exist. We will show that M is cyclic and also establish (b) in case bR is simple. We proceed by induction upon the length of M . We may suppose that M/B is cyclic, where B is any simple submodule of M . Let $B = bR$ and let $a \in M$ be such that $(aR+B)/B = M/B$; thus $M = aR + bR$.

If $aR \cap bR \neq 0$, then $aR \supseteq bR$, since bR is simple, and $M = aR = (a+b.o)R$

If $aR \cap bR = 0$, then $M = aR \oplus bR$. Let $X = \operatorname{ann} B$, $K = \operatorname{ann}(a)$. Note that $X \not\supseteq K$ or else $R/X = \bar{R}$ say, is a primitive ring of finite length (i.e. $\bar{R}$ is simple artinian) and M has a homomorphic image $\bar{M} \cong B \oplus R/X$ which is an $\bar{R}$ module of greater length than $\bar{R}$, contrary to hypothesis. Since $X \not\supseteq K$, $\exists f \in R$ such that $K \not\subseteq \operatorname{ann} bf = L$ say. But then

$$(a+bf)R = (a+bf)\ (L+K) = aL + bfK = a(L+K) + bf(L+K) = M \quad .$$

(b) Suppose now that $M = aR + bR$ and M is cyclic. If $bR = 0$ or if bR is simple, the result already holds. Let C be a simple submodule of bR . Then, by induction on length, $M/C = [(a+bf)R + C]/C$ for some $f \in R$. Note that $C = bgR$ for some $g \in R$. Thus

$$M = (a+bf)R + bgR$$

with bgR simple. So, by (a), $\exists h \in R$ such that

$$M = (a+bf + bgh)R = (a+b(f+gh))R.$$

COROLLARY 2 - *Let* R *be a ring. The following are equivalent* :

(i) *Every right* R*-module of finite length is cyclic.*

(ii) *Every left* R*-module of finite length is cyclic.*

(iii) *No simple factor ring of* R *is artinian.*

§2 - Objects of finite length. See [3] for further details

Let $\mathbb{A}$ = Mod-R , $\mathbb{C}$ a localizing subcategory ; that is $\mathbb{C}$ is closed under submodules, factor modules and direct sums. Then one can form the quotient category $\mathbb{A}/\mathbb{C}$, with a canonical functor $T : \mathbb{A} \longrightarrow \mathbb{A}/\mathbb{C}$. The objects of $\mathbb{A}/\mathbb{C}$ are the objects of $\mathbb{A}$ prefixed by T . And $\mathrm{Hom}_{\mathbb{A}/\mathbb{C}}(TM, TN) = \varinjlim \mathrm{Hom}(M', N/N')$ taken over M', N' such that M/M' , $N' \in \mathbb{C}$.

Definition : An object $\mathfrak{M}$ of $\mathbb{A}/\mathbb{C}$ is cyclic if, for all $M \in \mathbb{A}$ such that $TM \cong \mathfrak{M}$, $\exists m \in M$ such that $TM = T(mR)$; i.e. if $\exists f \in \mathrm{Hom}(R,M)$ such that Tf is an epimorphism. Call f a $\mathbb{C}$-generator.

For any object $\mathfrak{M}$ of $\mathbb{A}/\mathbb{C}$, we define

$$\mathrm{ann}\ \mathfrak{M} = \Sigma \{\mathrm{ann}\ M \mid TM \cong \mathfrak{M}\}$$

and say $\mathfrak{M}$ is faithful if $T(\mathrm{ann}\ \mathfrak{M}) = 0$.

By way of a warning, we note that M cyclic $\not\longrightarrow$ TM cyclic. Indeed TR need not be cyclic. A similar warning concerning faithfulness is also in order.

NOTATION. We let $M_{\mathbb{C}}$ denote the largest submodule of M belonging to $\mathbb{C}$.

LEMMA 3. A simple object is cyclic.

Proof. Say TM is simple. Choose $0 \neq m \in M - M_{\mathbb{C}}$. The map $TR \longrightarrow TM$ induced by $1 \longrightarrow m$ is an epimorphism.

We now aim to generalize Theorem 1. To make the presentation simple, we will suppose the ring $\bar{R}$ to be right Noetherian. First, consider the case of a prime factor ring $\bar{R}$ of R such that $T\bar{R}$ has finite but nonzero length. Now any uniform right ideal of $\bar{R}$ (i.e. a right ideal which contains no non trivial direct sum of right ideals) contains an isomorphic copy of any other. It is easy to deduce from this that : length $T\bar{R}$ = uniform dimension $\bar{R}$ = length $\bar{Q}$ = n say where $\bar{Q}$ is the simple artinian right quotient ring of $\bar{R}$; also $T\bar{R}$ is the direct sum of n isomorphic simple objects. In these circumstances it seems reasonable to say that $T\bar{R}$ is a simple artinian factor of TR.

THEOREM 4 - Let R be right Noetherian and let $\mathfrak{M}$ have finite length.

(a) $\mathfrak{M}$ is not cyclic if and only if TR has a simple artinian factor $T\bar{R}$ and $\mathfrak{M}$ has as a morphic image $\bar{\mathfrak{M}}$ the direct sum of $n+1$ simple subobjects of $T\bar{R}$, where $n = \text{length } T\bar{R}$;

(b) If $\mathfrak{M} = TM$ is cyclic and $M = aR + bR$ then $\exists f \in R$ such that $\mathfrak{M} = T((a+bf)R)$.

Proof (a) Suppose $\bar{\mathfrak{M}}$, $\bar{R}$ exist as described. Then it follows that, if $\mathfrak{M} = TM$, then M has submodules $M' \supseteq M''$ with $M/M' \in \mathfrak{C}$, $M'/M'' \cong U_1 \oplus \ldots \oplus U_{n+1} = N$ say, the U_i being uniform right ideals of $\bar{R}$. For $\mathfrak{M}$ to be cyclic, N would need to contain a cyclic $\bar{R}$ submodule N' with $N/N' \in \mathfrak{C}$. But if N' is cyclic, then TN' has length at most n. This gives a contradiction.

Conversely say no such $\bar{\mathfrak{M}}$, $T\bar{R}$ exist. Choose a module M with $TM \cong \mathfrak{M}$. To prove $\mathfrak{M}$ cyclic we need to find a $\mathfrak{C}$-generator for M. Without loss, we may assume $M_{\mathfrak{C}} = 0$ [3, lemma 1.3]. We choose $B \subseteq M$ with TB simple. Using Lemma 3, it is clear we can choose B to be cyclic, $B = bR$ say. By induction on length, $T(M/B)$ is cyclic, say $T(M/B) = T(aR + B/B)$ for some $a \in M$; i.e. $T(aR + bR) = TM$.

Suppose $T(aR) \cap T(bR) \neq 0$. Then $T(aR) \supseteq T(bR)$ and so $T(aR) = TM = T(a+b.0)R)$.

Suppose $T(aR) \cap T(bR) = 0$. Then $aR \cap bR \subseteq M_{\mathfrak{C}} = 0$ without loss, $M = aR \oplus bR$. Let $X = \text{ann } TB$. Since R is right noetherian, $X = \text{ann } b'R$ for some $0 \neq b'R \subseteq bR$. Without loss, we suppose $\text{ann } TB = \text{ann } B = X$. We let $K = \text{ann } a$. If $X \supseteq K$, then M has $R/X \oplus B$ as a homomorphic image, and $T(R/X \oplus B)$ will be the direct sum of $n+1$ simple subobjects of $T\bar{R}$, contrary to hypothesis. Hence $K \nsubseteq X$. We choose $f \in R$ with $K \nsubseteq \text{ann } bf = L$ say. But then $R/K+L \in \mathfrak{C}$. Thus

$$T((a+bf)R) = T((a+bf)(K+L)) = T(aL) + T(bf\,K)$$
$$= T(aR) + T(bf\,R) = TM$$

Thus $\mathfrak{M}$ is cyclic.

(b) We have already dealt with the case when $T\,bR$ is cyclic. An induction argument, as in the proof of Theorem 1, completes the proof.

We now recall some notions of Krull dimension. We define a collection of localizing subcategories $\mathcal{C}_m$ of $\mathcal{A}$ = mod-R . First $\mathcal{C}_0 = \{0\}$. Then $\mathcal{C}_m$ is the inverse image in $\mathcal{A}$ of the smallest localizing subcategory of $\mathcal{A}/\mathcal{C}_{m-1}$ containing all simple objects. A noetherian R-module M has Krull dimension m ; (i.e. K dim M = m) if $M \in \mathcal{C}_{m+1}$, $M \notin C_m$. This is equivalent to saying that, if $T_m : \mathcal{A} \longrightarrow \mathcal{A}/\mathcal{C}_m$ then $T_m M$ is a nonzero object of finite length.

<u>COROLLARY</u> 5. <u>Let</u> R <u>be right Noetherian</u>. <u>The following conditions are equivalent</u> :

(i) <u>Every finitely generated module</u> M <u>with</u> K dim $M \leq n$ <u>has a generating set of</u> n+1 <u>elements</u> ;

(ii) R <u>has no prime factor ring</u> $\bar{R}$ <u>with</u> K dim $\bar{R} \leq n$.

<u>Proof</u> : (i) $\Longrightarrow$ (ii) Say K dim $\bar{R} = m \leq n$. Then it is clear that the free $\bar{R}$-module M of rank n+2 has Krull dimension $m \leq n$ but needs n+2 elements to generate it.

(ii) $\Longrightarrow$ (i) Consider $T_n M$. This has finite length and, by (ii), there can be no simple artinian factor of $T_n R$. Thus $T_n M$ is cyclic ; hence $M \ni m_1$ with $M/m_1 R \in \mathcal{C}_n$; i.e. K dim $(M/m_1 R) \leq n-1$. A simple induction completes the proof.

Comparison of Corollaries 2 and 5 raise the intriguing question as to the left-right symmetry of the conditions in Corollary 5. This depend upon the open question : -If R is a right and left noetherian (prime) ring is it true that K dim (R_R) = K dim$({}_R R)$?

§3 - <u>Simple noetherian rings</u> : See [4] for full details

It is clear from theorem 4 that simple rings fit specially well into this theory.

<u>THEOREM</u> 6. <u>Let</u> R <u>be simple right noetherian ring with</u> K dim $(R_R) \geq n$. <u>Let</u> M_R <u>be finitely generated with</u> K dim M = n-1 , $M = \sum_{i=1}^{m+1} a_i R$ $m \geq n$. <u>Then</u> $\exists f_i \in R$ <u>such that</u> $M = \sum_{i=1}^{m} (a_i + a_{n+1} f_i)R$.

<u>Proof</u> : Induction based on theorem 4 (b).

Next comes a Stable Basis result for right ideals.

THEOREM 7. Let R be a simple right noetherian, $K\dim R_R = n$. Let S be a right noetherian ring generated by R and elements centralizing R, and sharing the same identity element.

$$\text{Let } K \underset{r}{\Delta} S,\ K = rS + \sum_{i=1}^{m+1} a_i S \qquad m \geq n$$

$r \in R$ a regular element (non zero divisor). Then $\exists f_i \in R$ such that

$$K = rS + \sum_{i=1}^{m} (a_i + a_{m+1} f_i) S \quad .$$

Proof : See [4] for details. To summarize, first consider the epimorphism

$$(a_1 S + rS/rS) \oplus \ldots \oplus (a_{m+1} S + rS/rS) \twoheadrightarrow K/rS \quad .$$

Using localization at the regular elements of R one can obtain an epimorphism $S/L_i S \twoheadrightarrow a_i S + rS/rS$ where L_i is an essential right ideal of R. But then

$$K\dim (R/L_1 \oplus \ldots \oplus R/L_{n+1}) < n$$

and so the generators of $\sum \oplus R/L_i$ can be adjusted as prescribed by Theorem 6. This then gives, via the epimorphisms, the result claimed.

Henceforth we will restrict ourselves to the following situation.

R = simple noetherian domain, $K\dim R = n$.
S = noetherian domain generated by R and elements centralizing R, with $1_R = 1_S$.
R_1 = simple domain with $R \subseteq R_1 \subseteq S$.

THEOREM 8. Let M be a torsion free right S-module such that $M \subseteq S^{(r)}$ and such that $M \subseteq R_1^{(r)}$ has rank r. Let $\alpha = (a_1, \ldots, a_r) \in M$, $a_1 \neq 0$, $a_1 \in R$. Then $\forall t \in S$, $\exists \theta \in \mathrm{Hom}(S,M)$ such that

$$O(\alpha + \theta(t)) = O(\alpha) + St \quad .$$

Note : $O_M(\alpha) = \{f(\alpha) \mid f \in \mathrm{Hom}(M,S)\}$

If $M = S^{(r)}$ then $O(\alpha) = \sum Sa_i$

If $M \subseteq S^{(r)}$ then $O(\alpha) \supseteq \sum Sa_i$; in this case we will write $O'(\alpha) = \sum Sa_i$.

Proof : By noetherian induction. We will assume $O'(\alpha) \not\supseteq St$ and show $\exists \theta$ such that $O'(\alpha + \theta(t)) \underset{\neq}{\supset} O'(\alpha)$.

We first use Theorem 7 to choose $f_i \in R$ such that

$$\sum_{i=1}^{r} Sa_i = \sum_{i=1}^{r-1} Sa_i' \quad \text{where} \quad a_1' = a_1 \; ; \; a_i' = a_i + f_i a_r$$

for $2 \leq i \leq r-1$. Now

$$\sigma = \begin{bmatrix} 1 & & & & & & 0 \\ & 1 & & & & & f_2 \\ & & \cdot & & & & \cdot \\ & & & \cdot & & & \cdot \\ & & & & \cdot & & \cdot \\ & & & & & \cdot & f_{r-1} \\ & & & & & & 1 \end{bmatrix} \in \mathrm{Aut}\, S^{(r)}$$

preserves all properties of M (in σM). Without loss, suppose $\sigma = 1$; i.e. $\sum_1^{r-1} Sa_i \ni a_r$; i.e. $O'(\alpha) = \sum_1^{r-1} Sa_i$.

The rank of $M \cap R_1^{(\sigma)}$ ensures that M has an element $(0, 0, \ldots, 0, f)$ for some $0 \neq f \in R_1$. The simplicity of R_1 ensures that $R_1 f R_1 = R_1$. Now $St \not\subseteq \sum_1^{r-1} Sa_i$. So $\exists g \in R_1$ such that $\sum_1^{r-1} Sa_i \not\supseteq Sfgt$. In particular $fgt \notin \sum_1^{r-1} Sa_i$. Let $\theta : S \longrightarrow M$ via $1 \longmapsto (0, \ldots, 0, fg)$. Let $a_r' = a_r + fgt$. So $\alpha + \theta t = \alpha' = (a_1, \ldots, a_{r-1}, a_r')$ and $O'(\alpha') \underset{\neq}{\supset} O'(\alpha)$ as claimed.

THEOREM 9 - Let M be a torsion free right R-module with rank $M = r \geq n+2$. Then $M \cong M' \oplus R$.

Proof : Set $S = R = R_1$, $t=1$, α arbitrary. We get $\beta = \alpha + \theta(t) \in M$ such that $O(\beta) = R$. Then β generates free summand.

One also gets a cancellation result :

THEOREM 10 - Suppose N is torsion free R-module of rank $\geq n+2$ and P is a finitely generated projective R-module, N' arbitrary. Then

$$N \oplus P \cong N' \oplus P \Longrightarrow N \cong N' \quad .$$

Proof : As in [1]

Finally we come to the Weyl algebras. We let $A_n(D)$ denote the n'th Weyl algebra over a division ring D of characteristic zero. So $A_1(D) = D[x,y \mid xy - yx = 1]$ etc.

It is know (and easy) that $A_n(D)$ is simple noetherian domain and $K \dim A_n(D) \leq 2n$.

THEOREM 11 - Let M be finitely generated torsion free $A_n(D)$-module of rank $r \geq 4$. Then $M \cong M' \oplus A_n(D)$.

Proof : Induction on n. If $n=1$ the result is clear from theorem 9. We suppose result holds for $A_{n-1}(D')$ for any division ring D' of characteristic zero. In particular, consider D' = quotient ring of $A_1(D)$. Then $D' \otimes_D A_n(D) \cong A_{n-1}(D')$. Now $M \otimes_D D' = MD'$ say, is a torsion free $A_{n-1}(D')$ module of rank ≥ 4. So $MD' \cong A_{n-1}(D') \oplus N' \subseteq (A_{n-1}(D'))^{(r)}$.

Identify M with its image under this isomorphism.

It is clear $\exists \alpha \in M$, $\alpha = (r, 0, 0, \ldots, 0)$, $r \in A_1(D)$. Now apply Theorem 8 with $R = A_1(D)$, $R_1 = S = A_n(D)$, $t = 1$.

THEOREM 12 - If $I \trianglelefteq_\ell A_n(D)$, $I = \sum_1^{r+1} A_n a_i$, $r \geq 5$ then $\exists f_i \in A_n$ such that $I = \sum_1^r A_n(a_i + f_i a_{r+1})$. Thus every one sided ideal of A_n has ≤ 5 generators.

Proof : Let $\alpha = (a_1, \ldots, a_r) \in A_n^{(r)}$. Let N be the torsion submodule of $A_n^{(r)}/\alpha A_n$ and M the torsion free factor. Then, applying Theorem 11 to M we have M has free summand. This pulls back to a free summand of $A_n^{(r)}$ say $A_n^{(r)} = \gamma A_n \oplus M'$ where γ is unimodular and $\alpha \in M'$. Let $\theta : 1 \longrightarrow \gamma$; $\theta \in \mathrm{Hom}(A_n, M)$. Then

$$0_{A_n^{(r)}}(\alpha + \theta(t)) = 0_{M'}(\alpha) + A_n t$$

Setting $t = a_{r+1}$, have

$$I = 0(\alpha) + A_n t = 0(\alpha + \theta t)$$

$$= \sum_1^r A_n(a_i + f_i a_{r+1})$$

REFERENCES

[1] H. BASS : K-theory and stable Algebra. Publ. Math. I.H.E.S. 22, (1964) 5-60.

[2] D. EISENBUD and J.C. ROBSON : Modules over Dedekind prime rings J. Alg. 16 (1970) 67-85.

[3] J.C. ROBSON : Cyclic and faithful objects in quotient categories with applications to noetherian simple or Asano rings (to appear in Proceedings of Conference at Kent State University, Springer).

[4] J.T. STAFFORD : Stable structure of non commutative noetherian rings. (to appear).

[5] D.B. WEBBER : Ideal and modules of simple noetherian hereditary rings, J. Alg. 16 (1970), 239-242.

Manuscrit reçu le 23 Février 1976

SUR LES DEMI-GROUPES ENGENDRES PAR DES IDEMPOTENTS

J.M. HOWIE

Cette histoire commence avec un résultat que j'ai démontré en 1966 [2]. Pour le demi-groupe symétrique $\mathcal{T}_X$ (consistant en toutes les applications de X dans lui-même) je me suis demandé : qu'est-ce que le sous-demi-groupe engendré par les idempotents ? (On voit sans difficulté que le produit de deux idempotents de $\mathcal{T}_X$ n'est pas nécessairement idempotent).

Evidemment, chaque élément de $\mathcal{G}_X$, le groupe symétrique sur X , n'est pas le produit d'idempotents (avec la seule exception de 1_X , la permutation triviale de X , qui est elle-même idempotente). Donc, quand X est fini, il a semblé raisonnable de supposer que le sous-demi-groupe de $\mathcal{T}_X$ engendré par les idempotents est $(\mathcal{T}_X \setminus \mathcal{G}_X) \cup \{1_X\}$. En effet, cette conjecture est vraie.

Par conséquent de ce résultat, on peut plonger tout demi-groupe fini dans un demi-groupe fini, régulier et engendré par des idempotents. Pour démontrer ce fait, soit S un demi-groupe fini et prenez $X = S^1 \cup \{z,t\}$. Alors, pour chaque $s \in S$ on définit $\rho_s : X \longrightarrow X$ par

$$x\,\rho_s = xs \qquad (x\in S^1)$$
$$z\,\rho_s = t\rho_s = z \quad .$$

Il est clair que $(\forall x,t\in S)\ \rho_s\,\rho_t = \rho_{st}$ et que

$$\rho_s = \rho_t \Rightarrow s = t \quad .$$

Donc l'application $s \longmapsto \rho_s$ plonge S dans $\mathcal{J}_X$ - en effet dans $\mathcal{J}_X \setminus \mathcal{G}_X$, parce que ρ_s n'est jamais une permutation. $\mathcal{J}_X \setminus \mathcal{G}_X$ est engendré par des idempotents et est fini ; on montre sans difficulté qu'il est régulier.

Quand X est infini il n'est pas vrai que tout élément de $\mathcal{J}_X \setminus \mathcal{G}_X$ est le produit d'idempotents. Toutefois, on peut obtenir une caractérisation du sous-demi-groupe engendré par les idempotents. Pour expliquer le résultat qu'on obtient, on a besoin des trois définitions suivantes.

D'abord, si $\alpha\in\mathcal{J}_X$ (où X est maintenant infini) on définit

$$S(\alpha) = \{x\in X : x\alpha \neq x\}$$

et on appelle le nombre cardinal $|S(\alpha)|$ le <u>déplacement</u> (en anglais, le <u>shift</u>) de α. Ensuite, on définit

$$Z(\alpha) = X\setminus X\alpha$$

et on appelle $|Z(\alpha)|$ le <u>défaut</u> (en anglais, le <u>defect</u>) de α . (Remarquons que $|Z(\alpha)| = 0$ si et seulement si α est surjectif).

Enfin, on définit

$$C(\alpha) = \bigcup\{t\alpha^{-1} : t\in X\alpha\, , |t\alpha^{-1}| \geq 2\}$$

et on appelle $|C(\alpha)|$ <u>l'effondrement</u> (en anglais, le <u>collapse</u>) de α . (Remarquons que $|C(\alpha)| = 0$ si et seulement, si α est injectif).

Maintenant on peut montrer qu'on a deux sous-demi-groupes de $\mathcal{J}_X$ engendrés par leurs idempotents :

1) le sous-demi-groupe P de tous les éléments α avec déplacement fini et défaut (fini et) non-zéro ;

2) le sous-demi-groupe

$$Q = \{\alpha\in\mathcal{J}_X : |S(\alpha)| = |Z(\alpha)| = |C(\alpha)| \geq \aleph_0\}.$$

On a le théorème suivant [2] :

<u>Théorème</u> - <u>Si</u> X <u>est infini</u>, <u>le sous-demi-groupe de</u> $\mathcal{J}_X$ <u>engendré par les idempotents est</u> $P \cup Q \cup \{1_X\}$.

Par conséquent, on peut démontrer que tout demi-groupe S est plongeable dans un demi-groupe régulier T engendré par des idempotents. Ce résultat a été amélioré récemment par Pastijn, qui a montré qu'on peut faire le demi-groupe T <u>bisimple</u>.

Pour le demi-groupe des endomorphismes de tout système mathématique on peut poser la même question - c'est-à-dire, on peut essayer de trouver une caractérisation du sous-demi-groupe engendré par les idempotents. Plusieurs résultats de ce type sont bien connus. Par exemple, si X est un ensemble totalement ordonné on a le demi-groupe $\mathcal{O}_X$ de toutes les applications $\alpha : X \longrightarrow X$ qui préservent la relation d'ordre, c'est-à-dire, toutes les applications α pour lesquelles

$$(\forall x,y \in X) \qquad x \leq y \longrightarrow x\alpha \leq y\alpha \quad .$$

En 1971 [3] j'ai montré, pour le cas où X est fini, que le sous-demi-groupe de $\mathcal{O}_X$ engendré par les idempotents est $\mathcal{O}_X$ lui-même. (Remarquez que pour ce cas la seule bijection dans $\mathcal{O}_X$ est 1_X , qui est évidemment idempotent). Alors, $\mathcal{O}_X$ est un autre exemple d'un demi-groupe régulier engendré par des idempotents.

Si $|X| = n$, puis $|\mathcal{O}_X| = \begin{bmatrix} 2n-1 \\ n-1 \end{bmatrix}$ (le coefficient binôme). Le nombre d'idempotents de $\mathcal{O}_X$ est une fonction $\phi(n)$ de n , et on peut montrer que

$$\phi(1) = 1 \ , \quad \phi(2) = 3 \ ,$$
$$\phi(n) - 3\phi(n-1) + \phi(n-2) = 0 \ .$$

Par conséquent, on a le résultat extraordinaire que $\phi(n) = F_{2n}$, le nombre de Fibonacci :

$$F_1 = F_2 = 1 \quad , \quad F_n = F_{n-1} + F_{n-2} \quad .$$

Pour le cas où X (toujours totalement ordonné) est infini, notre question est plus difficile. En 1973 nous avons considéré, Schein et moi [4], le cas où X est <u>bien ordonné</u>, et nous avons introduit la notion du <u>saut</u> (en anglais, <u>jump</u>) d'un élément α de $\mathcal{O}_X$. Tout récemment Schein (seul) [5] a étendu cette notion au cas où X est un ensemble quelconque totalement ordonné, et a démontré un théorème que je vais essayer de décrire.

Si $\alpha \in \mathcal{O}_X$, disons que tout sous-ensemble $x\alpha\alpha^{-1}$ de X est un <u>bloc</u> de α . Chaque bloc est un sous-ensemble B convexe, au sens que

$$x,y \in B \quad \text{et} \quad x \leq z \leq y \Longrightarrow z \in B$$

(parce que nous avons $x\alpha = y\alpha$ et $x\alpha \leq z\alpha \leq y\alpha$). Tous les éléments d'un bloc B de α ont la même image sous l'application α ; cette image, nous l'appelons $B\alpha$. Si B,C sont des sous-ensembles convexes de X on dit que $B < C$ si $b < c$ $\forall b \in B$ et $\forall c \in C$. On dit qu'un bloc B de α est <u>stationnaire</u> si $B\alpha \in B$, <u>croissant</u> si $B\alpha > B$, et <u>décroissant</u> si $B\alpha < B$. Pour tout x dans X , on définit $\text{saut}_x\alpha$, le <u>saut</u> d'α à x , ainsi :

(i) si le bloc $x\alpha\alpha^{-1}$ est stationnaire, $\text{saut}_x\alpha = 1$

(ii) si le bloc $x\alpha\alpha^{-1}$ est croissant, α a <u>saut fini</u> s'il existe un entier positif n avec la propriété qu'il existe n-1 éléments $x_2,\ldots,x_n \in X$ et des blocs consécutifs $B_1 < B_2 < \ldots < B_n$ de α tels que

$$x\alpha < x_2 < \ldots < x_n \quad , \quad x \in B_1 \ , \ x_n \in B_n$$

(iii) si le bloc $x\alpha\alpha^{-1}$ est décroissant, α a saut fini s'il existe un entier positif n avec la propriété qu'il existe n-1 éléments $x_2,\ldots,x_n \in X$ et des blocs consécutifs $B_1 > B_2 > \ldots > B_n$ de α tels que

$$x\alpha > x_2 > \ldots > x_n \quad , \quad x \in B_1 \ , \ x_n \in B_n \ .$$

Le plus petit n avec cette propriété est appelé $\text{saut}_x\alpha$.

Enfin, définissons $\text{saut}\,\alpha = \sup_{x\in X} \{\text{saut}_x\alpha\}$.

EXEMPLES (1) - $X = \mathbb{N} = \{1,2,3,\ldots\}$, avec l'ordre naturel. Si

$$\alpha = \begin{bmatrix} 1 & 2 & 3 & 4 & 5 & 6 & 7 & 8 & 9 & 10 & \ldots\ldots \\ 5 & 5 & 7 & 7 & 9 & 9 & 11 & 11 & 13 & 13 & \ldots\ldots \end{bmatrix},$$

les blocs sont $\{1,2\}$, $\{3,4\}$,... et ils sont tous croissants. Pour tout élément impair x , si on écrit B_1 pour le bloc $x\alpha\alpha^{-1} = \{x,x+1\}$, regardons les blocs consécutifs $B_1 < B_2 < B_3 < B_4$, où

$$B_2 = \{x+2 \ , \ x+3\} \ , \quad B_3 = \{x+4 \ , \ x+5\} \ , \quad B_4 = \{x+6 \ , \ x+7\}.$$

Regardons aussi les éléments

$$x\alpha = x+4 \quad , \quad x_2 = x+5 \quad , \quad x_3 = x+6 \quad , \quad x\, x_4 = x+7 \quad .$$

On a $x_4 \in B_4$ (mais $x_3 \notin B_3$) ; alors $\text{saut}_x \alpha = 4$. On a le même résultat pour un x pair. Donc saut $\alpha = 4$.

(2) $X = \mathbb{N}$, et

$$\alpha = \begin{bmatrix} 1 & 2 & 3 & 4 & 5 & 6 & \ldots\ldots \\ 2 & 3 & 4 & 5 & 6 & 7 & \ldots\ldots \end{bmatrix} .$$

Pour tout x on a $B_1 = \{x\}$, $B_2 = \{x+1\}$, etc. Alors, même si on prend $x_2, x_3, \ldots$ aussi petit que possible, c'est-à-dire, si on prend

$$x_2 = x\alpha + 1 = x+2 \quad , \quad x_3 = x+3 \ , \ldots$$

on a $x_n = x+n \in B_{n+1}$. Les blocs B_n ne rattrapent jamais les éléments x_n , et donc saut α est infini.

La notion de saut est difficile et minutieuse. Sa justification est le théorème suivant (Schein [5]).

Théorème - Soit X un ensemble totalement ordonné, et soit σ_X le demi-groupe des applications ordre-préservantes de X dans lui-même. Un élément α de σ_X est produit d'idempotents si et seulement si saut α est fini. Si saut $\alpha = n < \infty$, on peut exprimer α comme produit de n idempotents, et pas comme produit de m idempotents pour aucun $m < n$.

Ces résultats sont intéressants dans le sens qu'il s'agit d'une interaction entre la théorie des ensembles (ordonnés ou non) et la théorie des demi-groupes. Mais si on veut créer une théorie des demi-groupes engendrés par des idempotents, ces résultats ne sont que des exemples -des exemples intéressants, sans doute, mais des exemples. Et les travaux récents de Hall, Grillet, Clifford et Nambooripad indiquent qu'une théorie des demi-groupes réguliers engendrés par des idempotents serait très intéressante et utile- utile au sens mathématique, bien entendu ! Alors, que peut-on conclure ?

Pas beaucoup ! Récemment Benzaken et Mayr [1] ont considéré des demi-groupes engendrés par deux idempotents et ont donné une classification complète des tels demi-groupes. Mais il semble clair qu'une telle approche sera impossible si le nombre des générateurs idempotents est plus que deux.

REFERENCES

1. C. BENZAKEN et H.C. MAYR -"Notion de demi-bande : demi-bandes de type deux" Semigroup Forum 10 (1975) p. 115-128

2. J.M. HOWIE - "The subsemigroup generated by the idempotents of a full transformation semigroup" - J. London Math. Soc. 41 (1966), p. 707-716

3. J.M. HOWIE - "Products of idempotents in certain semigroups of transformations", Proc. Edinburgh Math. Soc. (2) 17 (1971) p. 223-236

4. J.M. HOWIE and B.M. SCHEIN - "Products of idempotent order-preserving transformations", J. London Math. Soc. (2) 7 (1973) p. 357-366

5. B.M. SCHEIN - "Products of idempotent order-preserving transformations of arbitrary chains", Semigroup Forum 11 (1975/76), p. 297-309

Monsieur J.M. HOWIE

THE MATEMATICAL INSTITUTE
THE NORTH HAUGH
ST. ANDREWS FIFE
KY16 9SS

Reçu le 29 Mai 1976

SEMI-GROUPES LINEAIRES DE RANG BORNE

DECIDABILITE DE LA FINITUDE

Gérard JACOB

INTRODUCTION.

Le premier but de ce texte est de prolonger les méthodes de [Ja 1] en vue d'établir que l'on peut décider de la finitude des K-représentations linéaires des demi-groupes, K étant un corps commutatif.

Gardant de l'algèbre linéaire (en rang fini) certaines propriétés élémentaires du rang et de l'image, nous définissons une notion de "représentation ordonnée". On verra que c'est là un outil très fécond pour l'analyse structurelle des représentations ordonnées (de rang borné, ou de rang localement borné) relative aux problèmes de finitude. La résolution de ces problèmes de finitude met en relief la notion de "Im-noyau", ou sous-demi-groupe de type fini de M sur lequel l'image est constante.

Les Im-noyaux d'un demi-groupe M contiennent toute l'information concernant la finitude. Mieux : une congruence est localement finie sur M si et seulement si elle est finie sur ses Im-noyaux, et la finitude d'une congruence est décidable sur M (par calcul, ou par algorithme) si et seulement si elle l'est sur tous les Im-noyaux.

Le "calcul" représente pour nous un algorithme dont on peut a priori borner la "longueur".

Dans le cas d'une représentation linéaire sur un espace vectoriel E sur K (corps quelconque - Skewfield), à rang (localement) borné, les Im-noyaux sont particulièrement simples. On peut associer à chacun d'eux $\mathcal{C}$ un idempotent "caractéristique" e opérant sur $\mathcal{C}$ par produit à droite comme l'identité, et tel que le demi-groupe $e\,\mathcal{C} = e\,\mathcal{C}\,e$ soit générateur d'un sous-groupe de End E. Il est clair que ce "groupe caractéristique" de $\mathcal{C}$ est fini si et seulement si $\mathcal{C}$ est un demi-groupe fini.

On peut alors démontrer, généralisant [Schü 1] et [Mc Za] qu'un demi-groupe M de matrice est k-testable, pour un entier k indéterminé, si et seulement si tous ses groupes caractéristiques sont triviaux, et si pour tout idempotent e de M, e M e est un demi-groupe commutatif formé d'idempotents.

Nous avons surtout voulu démontrer la décidabilité du critère de Burnside (finitude d'une représentation linéaire). La réduction aux cas des groupes étant faite, nous décidons ici (par calcul) de la finitude des groupes caractéristiques d'un demi-groupe linéaire donné, pourvu cependant que le corps de base soit commutatif.

On pourrait à présent relativiser de différentes manières la notion de finitude, cela sort du cadre de cet exposé. D'autres études sur les demi-groupes linéaires nous sont suggérées par [Schü 2], qui devraient nous permettre, à la suite de Schützenberger, d'associer finitude et nilpotence par le biais de la décomposition semi-simple - nilpotente des représentations linéaires. Nous aimerions de plus descendre, par l'analyse, dans les groupes caractéristiques eux-mêmes.

Indiquons en terminant que ces techniques et résultats sont judiciables d'applications dans des domaines aussi variés que la programmation sur des structures de données, les chaînes de Markov, la théorie des automates - que l'on peut à présent monnayer dans le cadre des séries formelles en variables non commutatives. Enfin, nous travaillons dans un demi-groupe dont il est inutile d'exiger que le produit de composition soit partout défini : le cadre le plus général est alors celui des graphes multiplicatifs associatifs, et donc aussi des algèbres associatives.

Nous préparons actuellement deux articles développant ces résultats. L'un, de nature algébrique, présente l'outil combinatoire et donne les résultats généraux de structure des demi-groupes relativement à la finitude et à sa décidabilité. Il est soumis au Journal of Algebra [Ja 3]. L'autre met sur pied l'algorithme de décision de la finitude des demi-groupes de matrices sur un corps commutatif, et un algorithme décidant si un demi-groupe de matrices sur un corps non nécessairement commutatif est localement testable. Il est à paraître dans Theoretical Computer Science [Ja 2].

1. UN OUTIL COMBINATOIRE SUR LE MONOÏDE LIBRE.

Soit X un ensemble quelconque, que nous appellerons aussi alphabet. On note X^* le monoïde libre sur X, dont les éléments sont appelés mots. Un mot f de X^* est dit de longueur k (notation $|f| = k$) si f appartient à X^k, où k est un entier positif. L'élément neutre de X^* est le "mot vide" noté e, de longueur 0.

<u>Définition 1.1.</u> On appelera <u>phrase</u> sur X^* toute suite finie de mots de X^*.
Notation :

$$w = (g_1, g_2, \ldots, g_k) \qquad g_i \in X^*$$

w est alors une phrase de longueur k.

La phase w sera dite <u>phrase extraite</u> du mot g de X^* si et seulement si le mot

$$w_x = g_1\, g_2 \ldots g_k$$

est un facteur ou sous-mot, du mot g.

<u>Définition 1.2.</u> On appelle <u>rang</u> sur un monoïde M toute application ρ de M dans $\mathbb{N} \cup \{\infty\}$ vérifiant :

$$\forall\, f, g \in M \qquad \rho(fg) \leqslant \inf(\rho f, \rho g)$$

ρ est un <u>rang borné</u> si l'image de M dans $\mathbb{N}$ est un ensemble fini. Si m_o est un entier majorant l'image $\rho(M)$, on dira que ρ est majoré par m_o.

<u>Définition 1.3.</u> Soient ρ un rang sur un monoïde M et $w = (g_1, g_2, \ldots, g_k)$ une suite d'éléments de M. On dira que ρ est <u>constant sur</u> w si l'on a :

$$\forall\, i \in [1, k] \subset \mathbb{N},\ \rho(g_i) = \rho(g_1\, g_2 \ldots g_k)$$

Il faut noter que ρ est constant sur w si et seulement si, pour tout intervalle $[i, j]$ contenu dans $[1, k]$ de $\mathbb{N}$, on a :

$$\rho(g_i\, g_{i+1} \ldots g_j) = \rho(g_1\, g_2 \ldots g_k)$$

Les développements qui suivent reposent essentiellement sur le lemme technique suivant :

Lemme 1.1. [Ja 1] Pour toute fonction ν de $\mathbb{N}$ dans $\mathbb{N}$, il existe une fonction (croissante) $R(\nu)$ de $\mathbb{N}$ dans $\mathbb{N}$, vérifiant la condition suivante :

Pour tout rang ρ sur X majoré par un entier m_o et tout mot f élément de $X^{R(\nu)(m_o)}X^*$ de rang non nul, il existe un entier s et une phrase $w = (g_1, g_2, \dots, g_{\nu(s)})$ extraite de f telle que ρ soit constant sur w, et vérifiant

$$\forall\ 1 \leqslant i \leqslant \nu(s) \qquad |g_i| \leqslant s$$

Preuve du lemme 1.1.

Pour la preuve, nous renvoyons à [Ja 1], où nous utilisons ce lemme pour établir un théorème de factorisation des produits d'endomorphismes d'un espace vectoriel de dimension finie.

Corollaire 1.1. Pour toute fonction μ de $\mathbb{N}$ dans $\mathbb{N}$, il existe une fonction $S(\mu)$ de $\mathbb{N}$ dans $\mathbb{N}$ vérifiant :

Pour tout alphabet V de cardinal majoré par un entier d,

Pour tout mot f de $V^{S(\mu)(d)}V^*$, il existe un entier s et une phrase w de f

$$w = (v, h_1, v, h_1, v, \dots, h_{\mu(s)}, v)$$

où v est une lettre de V, et vérifiant :

$$\forall\ 1 \leqslant i \leqslant \mu(s) \qquad |h_i\ v| \leqslant s$$

Preuve.

Définissons sur V^* un rang ρ en posant pour tout mot f de V^* :

$$\rho(f) = d - \mathrm{Card}\ \{v \in V \mid v \text{ est facteur de } f\}$$

Le rang ρ sur V^* est majoré par d. Posons alors :

$$\forall\ t \in \mathbb{N} \qquad \nu(t) = 1 + \mu\ (2t - 1)$$

Si f est un mot sur V^* de longueur au moins égale à $R(\nu)(d)$, il existe (lemme 1.1) un entier t et une phrase W extraite de f de longueur $\nu(t)$ sur laquelle ρ est constant, i.e. dont chacun des facteurs est écrit sur exactement le même ensemble de lettres. On choisit alors l'une de ces lettres que l'on note v, le corollaire en découle avec $s = 2t - 1$.

Théorème 1. Soient m_o un entier et X un alphabet fini. Pour toute fonction α de $\mathbb{N}$ dans $\mathbb{N}$, il existe $T(\alpha)$ vérifiant : pour tout rang ρ sur X^* majoré par m_o et tout mot f de rang non nul appartenant à $X^{T(\alpha)}X^*$, il existe un entier s non nul et une phrase extraite de f de la forme

$$w = (u, f_1, u, f_2, u, \dots, f_{\alpha(s)}, u)$$

sur laquelle ρ est constant non nul, où u est un mot non vide de X^*, et vérifiant

$$\forall\ 1 \leqslant i \leqslant \alpha(S) \qquad |f_i\ u| \leqslant s$$

Preuve du théorème 1.

Pour tout entier p, posons :

$$d_p = \frac{d - d^{p+1}}{1 - d}$$

L'entier d_p calcule le cardinal de l'ensemble des mots non vides de longueur au plus égale à p sur un alphabet à d éléments. On suppose à présent que d est le cardinal de X.

Pour tout entier n, construisons la fonction λ_n de $\mathbb{N}$ dans $\mathbb{N}$ en posant

$$\forall\ s \in \mathbb{N} \qquad \lambda_n(s) = \alpha(ns)$$

Construisons à présent les nombres suivants, pour n entier :

$$\nu(n) = S(\lambda_n)\ (d_n) \qquad \text{(corollaire 1)}$$

$$T_d(\alpha)\ (m_o) = R(\nu)\ (m_o) \qquad \text{(lemme 1.1)}$$

Si f est un mot de X^* de longueur au moins égale à $T_d(\alpha)\ (m_o)$, d'après le lemme 1.1, il existe un entier p et une phrase extraite de f de la forme

$$(1) \qquad u = (g_1, g_2, \dots, g_{\nu(p)})$$

vérifiant la condition

$$\forall\ 1 \leqslant i \leqslant \nu(p) \qquad 1 \leqslant |g_i| \leqslant p$$

sur lequel ρ est constant.

Soit V l'alphabet dont les lettres sont les mots non vides de X^* de longueur au plus égale à p. Considérons u comme un mot sur l'alphabet V, de longeur égale à

$$\nu(p) = S(\lambda_p)\ (d_p)$$

D'après le corollaire 1, il existe un entier t strictement positif et une phrase de u de la forme

$$w' = (v, h_1, v, h_2, v, \ldots, h_{\alpha(p.t)}, v)$$

où l'on a $\alpha(p.t) = \lambda_p(t)$

et où pour tout i, la longueur dans V^* du mot $h_i v$ est au plus égale à t.

Calculons à présent dans X^* les facteurs définissant la phrase w'. On obtient une phrase du mot f de la forme :

$$w = (u, f_1, u, f_2, \ldots, u, f_{\alpha(p.t)}, u)$$

où u est un mot de X^* de longueur au plus égale à p, et où l'on a :

$$\forall\ 1 \leqslant i \leqslant \alpha(p.t) \qquad 1 < |f_i\ u| \leqslant p.t$$

Il suffit alors de poser $s = p.t$ pour conclure.

2. REPRESENTATIONS D'UN SEMI-GROUPE. LE CAS DES REPRESENTATIONS LINEAIRES.

Notre but dans cet article est d'étudier le rang des produits de matrices d'un sous-demi-groupe de $K^{N\times N}$ (N entier fixé). Le rang est alors défini par l'intermédiaire d'une fonction image à valeur dans K^N. Nous présentons ici la formalisation minimale de ce concept permettant d'obtenir le théorème de factorisation. Cette formalisation est susceptible d'autres applications que celle des représentations linéaires.

Définition 2.1. Appelons degré sur un ensemble ordonné Δ la donnée d'une application δ de Δ dans $\mathbb{N} \cup \{\infty\}$ vérifiant :

$$\forall\ d, d' \in \Delta\ ,$$
$$\delta(d) = \delta(d') \text{ et } d \leqslant d' \Longrightarrow d = d'.$$

i.e une application strictement croissante de Δ dans $\mathbb{N}$.

On pourrait bien sur généraliser cette notion en remplaçant $\mathbb{N} \cup \{\infty\}$ par un ordinal quelconque. Cela ne sous servira pas puisque nous n'utiliserons ici que des degrés bornés. La même remarque aurait pu être faite pour la définition du rang (définition 1.2).

Définition 2.2. Soit M un monoïde. Nous appellerons image à droite sur M la donnée d'une application Im de M dans un ensemble ordonné à degré (Δ, δ), vérifiant les propriétés :

(i) stabilité à droite.
$\forall f, g, h \in M$ $\quad$ $Imf = Img \Longrightarrow Imfh = Imgh$

(ii) décroissance à gauche
$\forall f, h \in M$ $\quad$ $Imfh \leqslant Imh$

(iii) décroissance à droite "modulo le degré"
$\forall f, h \in M$ $\quad$ $(\delta o Im)\, fh \leqslant (\delta o Im)\, f$

L'application $\rho = \delta o Im$ est alors un rang sur M, que l'on appellera rang associé à Im.

On ne perd aucune information sur une telle fonction image à droite Im si l'on restreint Δ à l'ensemble des images par Im des éléments de M. Cet ensemble admet alors un plus grand élément $Im1_M$. Une telle fonction image équivaut alors à la donnée d'une "représentation à droite ordonnée" :

Définition 2.3. Soit M un monoïde. Nous appellerons représentation à droite ordonné de M dans un ensemble ordonné à degré (Δ, δ) muni d'un plus grand élément E la donnée :

(i) d'une action, notée $\star$, de M à droite sur Δ vérifiant les 2 propriétés suivantes :

(ii) décroissance à gauche
$\forall f, h \in M$ $\quad$ $E \star fh \leqslant E \star h$

(iii) décroissance à droite "modulo le degré"
$\forall f, h \in M$ $\quad$ $\delta(E \star fh) \leqslant \delta(E \star f)$

En effet, si Im est une image à droite sur M, on définit une représentation ordonnée droite de M en posant

$\forall f, h \in M$ $\quad$ $(Imf) \star h = Imfh$

Δ étant identifié à l'ensemble des images par Im, le plus grand élément étant alors $Im1_M$. Inversement, étant donné une représentation à droite ordonnée, on définit sur M une fonction image Im en posant :

$\forall f \in M$ $\quad$ $Imf = E \star f$

Lorsqu'un rang est défini par l'intermédiaire d'une fonction image, le théorème 1 peut être réinterprété pour donner une propriété de constance, non plus du rang, mais de l'image, suivant la notion que nous définissons à présent. Nous préciserons en quelques lemmes cette notion, avant d'établir les 2 résultats fondamentaux de cette deuxième partie.

Définition 2.4. Soit Im une fonction image dans (Δ, δ) sur un monoïde M. Une suite finie

$$w = (g_1, g_2, \ldots, g_k), \qquad g_i \in M$$

est dite Im-régulière si et seulement si il existe un élément d de Δ vérifiant pour tout entier p et toute application θ de l'intervalle $\{1, p\}$ de $\mathbb{N}$ dans $[1, k]$ l'égalité :

$$\mathrm{Im}(g_{\theta(1)}\, g_{\theta(2)} \cdots g_{\theta(p)}) = d.$$

Avec des notations analogues à celles de la définition 1.3, on voit que la fonction Im est "constante sur w" si et seulement si l'égalité précédente est vérifiée chaque fois que θ est une injection. Les deux lemmes suivants ont pour objet de préciser la portée de cette nouvelle notion. Elle signifie que le sous-monoïde engendré par les g_i est contenu dans une même fibre de M au-dessus de Δ pour l'application Im.

Lemme 2.1. Soit $p = \delta \circ \mathrm{Im}$ le rang sur un monoïde M défini par une fonction image Im. Si p est constant sur une suite d'éléments de la forme

$$v = (u, f_1, u, f_2, \ldots, u, f_k, u)$$

alors la suite déduite

$$w = (f_1\, u, f_2\, u, \ldots, f_k\, u)$$

est Im-régulière et son image vaut Imu.

Preuve. Nous établissons d'abord, sous les conditions de l'énoncé, les égalités suivantes :

$$\forall i, j \in [1, k]$$
$$\mathrm{Im}u = \mathrm{Im}f_i\, u = \mathrm{Im}f_j\, u = \mathrm{Im}f_i\, uf_j\, u.$$

En effet, on a clairement les inégalités :

$$\mathrm{Im}uf_j\, u \leqslant \mathrm{Im}f_j\, u \leqslant \mathrm{Im}u$$

$$\mathrm{Im}uf_i\, u \leqslant \mathrm{Im}f_i\, u \leqslant \mathrm{Im}u.$$

De plus, ces inégalités sont en fait des égalités à cause de la propriété de rang constant. Par stabilité à droite, on en tire

$$\mathrm{Im}uf_i\, uf_j\, u = \mathrm{Im}uf_j\, u$$
$$\mathrm{Im}uf_j\, uf_i\, u = \mathrm{Im}uf_i\, u$$

ce qui établit le résultat partiel annoncé. Le lemme s'en déduit alors aisément par induction.

Lemme 2.2. Soit Im une fonction image de M dans (Δ, δ), telle que chaque fibre de M au dessus de Δ contienne un idempotent opérant par produit à droite dans cette fibre comme l'identité. Alors pour toute suite w d'éléments de M

$$w = (g_1, g_2, \ldots, g_k)$$

les deux énoncés suivants sont équivalents :

(i) w est Im-régulier

(ii) il existe un idempotent e de M vérifiant pour tout entier j de l'intervalle $[1, k]$ les égalités $g_j e = g_j$, $\rho(eg_j) = \rho(e)$.

Preuve.

$$(i) \Longrightarrow (ii)$$

Soit e l'idempotent admis par l'énoncé dans la fibre au-dessus de Δ de tous les produits des g_j. On a en particulier

$$\mathrm{Im}g_j\, e = \mathrm{Im}g_j = \mathrm{Im}e.$$

Par stabilité à droite, on obtient

$$\mathrm{Im}g_j\, g_j = \mathrm{Im}eg_j\ .$$

Cet élément étant aussi égal à $\mathrm{Im}g_j$, on a

$$\rho g_j = \rho(eg_j).$$

$$(ii) \Longrightarrow (i)$$

On a clairement :

$$\mathrm{Im}eg_j \leqslant \mathrm{Im}g_j = \mathrm{Im}g_j e \leqslant \mathrm{Im}e$$

$$\rho(eg_j) \leqslant \rho g_j = \rho g_j e \leqslant \rho e\ .$$

Les hypothèses impliquent donc l'égalité

$$\rho(g_j) = \rho(e).$$

Donc g_j et e ont la même image. Par stabilité à droite on en déduit :

$$\mathrm{Im}g_j\, g_i = \mathrm{Im}eg_i \leqslant \mathrm{Im}g_i = \mathrm{Im}e$$

$$\rho(g_j\, g_i) = \rho(eg_i) \leqslant \rho(g_i) = \rho(e).$$

Or e et eg_i ont même rang et l'on a donc

$$\operatorname{Im} g_j g_i = \operatorname{Im} g_i = \operatorname{Im} e.$$

Le résultat s'obtient alors, à partir de cette dernière ligne d'égalité, par induction sur la "longueur" des produits, en utilisant la stabilité à droite.

Nous pouvons à présent en venir aux monoïdes de matrices, ou, ce qui est équivalent, aux monoïdes d'endomorphismes d'un espace vectoriel de dimension finie, la fonction image étant "l'image de l'endomorphisme", à valeur dans le treillis des sous-espaces de E.

Lemme 2.3. Soit E un espace vectoriel de dimension finie sur un corps quelconque K. Soit ψ une suite finie d'endomorphismes de E :

$$\psi = (\phi_1, \phi_2, \ldots, \phi_k).$$

Il y a équivalence entre les énoncés suivants.

(i) ψ est une suite Im-régulière

(ii) il existe un idempotent e de End E qui opère par produit à droite sur les ϕ_j comme l'identité, et tel que les endomorphismes $e\phi_j$ engendrent un sous-groupe de End E.

(iii) les ϕ_j ont tous même image E_1, et chacun d'eux induit sur E_1 un automorphisme.

Les ϕ_j sont tous nuls, ou alors il existe une base de E dans laquelle chaque ϕ_j puisse s'écrire par blocs sous la forme :

$$\begin{pmatrix} A_j & 0 \\ B_j & 0 \end{pmatrix}$$

où A_j est une matrice carrée, et ce pour une décomposition par blocs commune aux ϕ_j. (En particulier, les matrices A_j engendrent 1 groupe).

Preuve. Elle est immédiate. Notons par exemple qu'un sous-groupe d'endomorphismes de E est formé d'endomorphismes qui admettent tous la même image et le même noyau.

Nous énonçons à présent les résultats essentiels de cette partie, en réinterprétant le théorème 1.

Théorème 2. Soient m_o un entier et X un alphabet fini. Pour toute fonction α

de $\mathbb{N}$ dans $\mathbb{N}$, il existe un entier $T(\alpha)$ effectivement calculable vérifiant :

Pour toute image à droite Im de $X^{\star}$ dans un ensemble ordonné à degré (Δ, δ) majorée par m_o et tout mot f de rang non nul appartenant à $X^{T(\alpha)}X^{\star}$, il existe un entier s non nul et une phrase extraite de f de la forme

$$w = (g_1, g_2, \ldots, g_{\alpha(s)})$$

qui est Im-régulier, avec les conditions :

$$\forall j \in [1, \alpha(s)] \qquad 1 \leq |g_j| \leq s.$$

Théorème 3. Soit Im une fonction image bornée d'un monoïde M dans (Δ, δ). Si chaque fibre de M au-dessus de Δ est localement finie, alors M est localement fini.

Nous ne développons pas ici la preuve de ce théorème, qui suit avec la calculabilité en moins, celle de la décidabilité du critère de Burnside. (voir § 3).

Traduisons le théorème 2 pour les représentations linéaires.

Théorème 4. Soit m_o un entier et X un alphabet fini. Pour toute fonction de $\mathbb{N}$ dans $\mathbb{N}$, il existe un entier $T(\alpha)$ effectivement calculable vérifiant :

Pour toute représentation linéaire μ de $X^{\star}$ dans le demi-groupe des endomorphismes d'un espace vectoriel E de dimension inférieure ou égale à m_o, et tout mot f d'image non nulle appartenant à $X^{T(\alpha)}X^{\star}$, il existe un entier s non nul et une phrase extraite de f de la forme :

$$w = (g_1, g_2, \ldots, g_{\alpha(s)})$$

$$\forall j \in [1, \alpha(s)] \qquad 1 \leq |g_j| \leq s$$

tels que $(\mu\, w)$ soit une suite d'endomorphismes Im-régulière. De plus, si e est l'idempotent élément neutre à droite de la fibre de $\mu\, w$, alors

- les endomorphismes $e.\mu g_j$ engendrent un groupe
- on ne change pas le produit d'endomorphismes $\mu\, f$ si on remplace la suite des μg_j par celle $e.\mu g_j$.

La dernière remarque utilise le fait que l'on a dans le résultat du théorème 1,

$$\text{Im}u = \text{Im}f_i\, u = \text{Im}g_i = \text{Im}\pi\ .$$

Le produit de la suite w est, dans f, précédé de u, et l'on a $(\mu\, u)e = (\mu u)$. Elle resterait valable avec les seules conditions du lemme 2.2.

3. LA FINITUDE D'UN DEMI-GROUPE DE MATRICES EST DECIDABLE.

Nous établissons la décidabilité de la finitude des monoïdes des matrices à coefficients dans un corps commutatif, et plus généralement, dans un anneau commutatif intègre.

Cela repose sur le résultat essentiel.

Théorème 5. Soit H un demi-groupe de type fini de matrices à coefficients dans un corps commutatif K. Pour tout entier positif non nul s, il existe un entier positif $\beta(s)$ qui majore le cardinal de tout groupe fini attaché à une suite pseudo-régulière

$$w = (h_1, h_2, \dots h_s)$$

de longueur s d'éléments de H.

Preuve du théorème 5. Pour établir ce théorème, nous allons suivre pas à pas la démonstration du théorème de Burnside sur les groupes de matrices, telle qu'elle est donnée dans Kaplansky, en essayant de la refaire de manière constructive. C'est l'objet des lemmes suivants.

Soit donc S un système fini de générateurs de H.

Lemme 3.1. Les racines de l'unité qui sont racines caractéristiques d'une matrice de H sont d'ordre borné par un entier calculable N, qui ne dépend que du cardinal de S et de l'ensemble des coefficients des matrices de S.

Preuve. Ce lemme est obtenu en étudiant l'extension du sous-corps premier Π de K par les coefficients des matrices de S. Ce corps est une extension de degré fini m d'une extension purement transcendante $\bar{K}$ du sous-corps premier Π. H est alors isomorphe à un demi-groupe $\bar{H}$ de matrices de dimension $m\times n$ sur $\bar{K}$, où n est la dimension des matrices de H.

Si K est de caractéristique 0, toute racine de l'unité racine caractéristique d'une matrice de H est alors racine d'un polynôme cyclotomique de degré inférieur ou égal à $m\times n$. Or on peut calculer un entier $\lambda(m\times n)$ tel que les polynômes cyclotomiques des racines de l'unité d'ordre supérieur à $\lambda(m\times n)$ soient de degré supérieur à $m\times n$. On pose donc

(3) $$N = \lambda(m\times n).$$

En caractéristique p, soit α une racine de l'unité de degré k sur $\bar{K}$. Puisque tout polynôme irréductible sur le sous-corps premier Π est irréductible sur $\bar{K}$, le degré de α sur Π est donc aussi k. Donc α engendre sur Π une extension qui est le corps à p^k éléments, α vérifie donc l'équation

$$\alpha^{p^k-1} = 1$$

Si de plus α est racine caractéristique d'une matrice de H, et donc aussi de $\bar{H}$, on a :

$$k \leqslant m \times n$$

on peut donc poser dans ce cas

(4) $$N = p^{m\times n} - 1$$

<u>Lemme 3.2. Soit</u> Λ <u>un ensemble fini de racines de l'unité, et soit</u> G <u>un groupe de matrices</u> n×n <u>sur</u> K <u>dont toutes les racines caractéristiques appartiennent à</u> Λ. <u>Si</u> G <u>est irréductible sur la clôture algébrique de</u> k, <u>il est fini et son ordre est majoré par un entier ne dépendant que de</u> n <u>et du cardinal de</u> Λ.

<u>Preuve</u>. La condition proposée assure que la trace ne prend sur G qu'un nombre fini de valeurs au plus égal à $k = (\text{Card } \Lambda)^n$. Le cardinal de G est donc majoré par k^{n^2}.

<u>Lemme 3.3. Soit</u> G <u>un groupe fini admettant un quotient</u> G/R <u>fini. Soit</u> D <u>un système fini de générateurs du monoïde</u> G <u>contenant un représentant de chaque classe de</u> G <u>modulo</u> R. <u>Il existe un sous-monoïde</u> T <u>de</u> R <u>engendré par</u> $(\text{Card } D)^2$ <u>éléments tel que l'on ait</u>

$$G = T.D$$

En effet, si a_i et a_j sont deux éléments de D, on peut trouver un élément h_{ij} de R et un élément a_k de D vérifiant

$$a_i\, a_j = h_{ij}\, a_k$$

on vérifie alors par récurrence que tout produit d'un nombre fini de a_i s'écrit sous la forme annoncée.

Il faut noter que si q est le cardinal d'un système de générateurs du groupe G et r le cardinal de G/R, on peut choisir D de telle sorte que l'on ait :

$$\text{Card } D \leqslant (2\,q+r)$$

En effet, on construira D en prenant les q générateurs du groupe G ainsi que leurs inverses, et en ajoutant des représentants des classes module R non-représentées.

<u>Lemme 3.4. Soit</u> Λ <u>un ensemble fini de racines de l'unité. Pour tout couple</u> (m, s)

<u>d'entiers strictement positifs, il existe un entier</u> $\beta_m(s)$ <u>qui majore l'ordre de tout groupe fini</u> G <u>de matrices</u> $m \times m$ <u>sur</u> K <u>engendré par</u> s <u>éléments dont toutes les racines caractéristiques appartiennent à</u> Λ.

<u>Preuve</u>. Nous raisonnons par récurrence sur m.

a) Supposons $m = 1$.

Si G n'est pas nul, les éléments de G sont des racines de l'unité et G est donc un groupe contenu dans Λ. On peut donc poser :

(5) $$\boxed{\forall s \in \mathbb{N} \qquad \beta_1(s) = \text{Card } \Lambda}$$

b) Supposons $\beta_{m'}(s)$ connu pour toute dimension m' inférieur ou égale à m, et calculons $\beta_m(s)$.

Si le groupe G considéré est irréductible, sur la clôture algébrique de K, d'après le lemme 3.2 il est fini de cardinal majoré par $((\text{Card } \Lambda)^m)^{m^2}$

S'il n'est pas irréductible à cette clôture algébrique de K, on peut trouver un changement de base de K^m pour lequel les matrices de G s'écrivent simultanément par blocs sous la forme :

$$\begin{pmatrix} A & 0 \\ B & C \end{pmatrix}$$

Ce groupe G' de matrices admet pour quotient le groupe des matrices

$$\begin{pmatrix} A & 0 \\ 0 & C \end{pmatrix}$$

C'est le quotient G'/R de G' par le sous-groupe invariant formé des matrices de G' de la forme

$$\begin{pmatrix} I_1 & 0 \\ B & I_2 \end{pmatrix}$$

où I_1 et I_2 sont des matrices identité.

On peut supposer que le groupe des matrices A est irréductible sur la clôture algébrique de K. Comme ses racines caractéristiques sont dans Λ, il est fini de cardinal majoré par

$$((\text{Card } \Lambda)^{m-1})^{(m-1)^2}.$$

Le groupe des matrices C est, tout comme le groupe G', engendré par S éléments. D'après l'hypothèse de récurrence, il est fini d'ordre majoré par $\beta_{m-1}(s)$.

Le groupe G' /R est donc fini de cardinal majoré par

$$\boxed{r = ((\mathrm{Card}\ \Lambda)^{m-1})^{(m-1)^2} \times \beta_{m-1}(s)}$$

Etudions à présent le sous-groupe R. Il est fini et abélien, chacune de ses matrices est donc périodique.

Si K est de caractéristique 0, la forme obtenue montre que R est réduit à l'identité, et l'on a donc

$$G \overset{\sim}{\to} G' \overset{\sim}{\to} G'/R.$$

Si K est de caractéristique p, non nulle, le lemme 3.3 permet de construire un sous-monoïde T de R engendré par $(2s + r)^2$ éléments. Or T est commutatif, et on vérifie aisément que toutes ses matrices sont d'ordre inférieur ou égale à p. En effet on a :

$$\begin{pmatrix} I_1 & 0 \\ B & I_2 \end{pmatrix}^n = \begin{pmatrix} I_1 & 0 \\ nB & I_2 \end{pmatrix}$$

Le cardinal de T est donc majoré par

$$p^{(2s+r)^2}$$

et le lemme 3.3 majore le cardinal de G' par $(2s+r)\ p^{(2s+r)^2}$.

Nous poserons donc

(6) $$r_m = \sup\left(((\mathrm{Card}\ \Lambda)^{m^3},\ \beta_{m-1}(s) \times ((\mathrm{Card}\ \Lambda)^{(m-1)^3}\right)$$

et β_m sera définie par

(7) $$\beta_m(s) = r_m = (\mathrm{Card}\ \Lambda)^{m^3} \qquad \text{en caractéristique } 0$$

(8) $$\beta_m(s) = (2s + r_m) \times p^{(2s+r_m)^2} \qquad \text{en caractéristique } p$$

<u>Preuve du théorème 5</u>. (suite) Le théorème 4 est la conséquence directe du lemme 3.1 et du lemme 3.4. L'entier $\beta(s)$ dépend donc essentiellement de la dimention n des matrices de H, et du degré m sur une extension purement transcendante du sous-corps premier Π de l'extension de Π par les entrées des matrices engendrant H. Les égalités (3) et (4) donnent un majorant N de l'ordre des racines de l'unité qui sont racines caractéristiques des matrices de H. Ces racines appartiennent donc à un ensemble fini Λ, dont on peut majorer le cardinal :

(9) $$\boxed{\mathrm{Card}\ \Lambda \leq \frac{N.(N-1)}{2}}$$

L'entier $\beta(s)$ est alors entièrement déterminé par (4), (5), et (6).

On notera qu'en caractéristique 0, le majorant $\beta(s)$ obtenu ne dépend pas du nombre s de générateurs.

Théorème 6. Soit K un corps commutatif. On peut décider si un demi-groupe de matrices H, donné par un système fini s de générateurs, est fini.

Preuve. Evaluons, pour tout entier s, un majorant du nombre de produits dans H de s matrices appartenant à S, en fonction du cardinal q de S.

$$\text{Card}\,(S \cup S^2 \cup \ldots \cup S^s) < \frac{1-q^{s+1}}{1-q}$$

Définissons une fonction α de $\mathbb{N}$ dans $\mathbb{N}$ en posant :

$$\forall s \in \mathbb{N},\ \alpha(s) = \beta\left(\frac{1-q^{s+1}}{1-q}\right) \tag{10}$$

et soit $T(\alpha)$ l'entier défini par le théorème 3.

On établit alors le résultat suivant :

Lemme 3.5. Soit q le cardinal d'un ensemble S fini de générateurs de H, et $T(\alpha)$ l'entier défini ci-dessus. Alors on a, si H est fini :

$$S^{T(\alpha)} = 1 + S + \ldots + S^{T(\alpha)-1}$$

le cardinal de H est donc majoré par

$$\frac{1-q^{T(\alpha)}}{1-q}$$

Soit X un ensemble fini en bijection avec S, et soit μ la représentation linéaire canonique définissant H comme quotient de $X^{\star}$.

Soit f un mot de X de longueur $T(\alpha)$. D'après le théorème 3, il existe un entier s et une phrase extraite de f de la forme

$$w = (g_1, g_2, \ldots, g_{\alpha(s)})$$

$$\forall j \in [1, \alpha(s)], \qquad 1 \leqslant |g_j| \leqslant s$$

tel que la suite μw soit pseudo-régulière. Soit e l'idempotent associé. Il nous suffit d'étudier la suite $e.\,\mu w$, dont les matrices engendrent un groupe.

Ecrivons sous forme d'une suite $\bar{w} = (h_1, h_2, \ldots, h_p)$ la liste des mots g_i

qui sont distincts. On a alors :

$$p < \frac{1-q^{s+1}}{1-q}$$

De plus il est clair que la suite $\bar{w}$ est pseudo-régulière de même idempotent caractétistique que w ; il est clair aussi que la suite de matrices

$$M_1 = \mu g_1$$
$$\ldots\ldots\ldots$$
$$M_j = \mu(g_1 \ldots g_j)$$

est formée de matrices appartenant au groupe attaché à $\bar{w}$. D'après le théorème 5, si H est fini, deux de ces matrices sont égales : $M_i = M_j$.

On en déduit

$$e.\mu(g_1\, g_2 \ldots g_{\alpha(s)}) = e.\, \mu(g_1\, g_2 \ldots g_i\, g_{j+1} \ldots g_{\alpha(s)})$$

et la matrice μf est donc égale à la matrice $\mu f'$ définie par un mot f' strictement plus court que f, ce qui établit le lemme.

<u>Preuve du théorème 6</u>. (suite) Nous déciderons de la finitude de H comme suit. Calculons la suite de sous-ensembles de H :

$$E_i = \{I\} \cup S \cup S^2 \cup \ldots \cup S^i$$

Il est clair que si $E_i = E_{i+1}$, alors H est fini et égal à E_i.

Si la suite des E_i est strictement croissante jusqu'à la valeur $i = T(\alpha)$, alors le demi-groupe est infini.

On notera aussi que le théorème 6 peut être étendu à certains anneaux non intègres.

<u>Théorème 7. Le théorème 6 reste vrai pour les demi-groupes de matrices à coefficient dans un anneau semi-local réduit, ou quotient de $\mathbb{Z}$ par un idéal quelconque.</u>

4. REDUCTION DE LA DECIDABILITE.

Les résultats énoncés ici sont les conséquences générales, quant à la décidabilité, du théorème 2. Elles utilisent aussi le fait que le calcul de la valeur en un entier m_o de la fonction $R(\nu)$ (cf. lemme 1.1) ne nécessite la connaissance des valeurs de ν que sur un segment initial fini des entiers. Nous donnons ces résultats sans preuve. Les demi-groupes ordonnés ou linéaires étudiés sont supposé de rang localement borné.

Définition 4.1. (1ère définition structurelle). Nous appelons Im-noyau de M tout sous-demi-groupe de M de type fini sur lequel Im est constante.

Dans le cas d'un demi-groupe E-linéaire (E espace vectoriel sur un corps quelconque, ou "skewfield"), on fait choix dans chaque fibre de M au-dessus de l'image, d'un idempotent e de même image. On forme ainsi une classe E d'idempotents "caractérisitiques".

Définition 4.2. (2ème définition structurelle). On appelle groupe caractéristique d'un Im-noyau C le sous-groupe de End E engendré par e C = e C e, où e est l'idempotent caractéristique de la même fibre.

Lemme 4.1. Soit M *un demi-groupe linéaire. Un Im-noyau est fini si et seulement si son groupe caractéristique est fini.*

Théorème 8. *Une congruence est localement finie sur le demi-groupe* M *à image localement bornée si et seulement si tous ses Im-noyaux sont finis.*

Corollaire 4.1. *On peut décider* (*par un calcul*) *si un demi-groupe linéaire est testable*. (Ce résultat est développé dans [ja 2]).

Nous appelons ici *calcul* un algorithme de décision dont on peut borner à priori la longueur de calcul. Nous appellerons *algorithme sûr*, un algorithme se terminant toujours et fixant la décision.

Théorème 9. *On peut décider par calcul* (resp. *par algorithme sûr*) *de la finitude d'une congruence sur un demi-groupe à image bornée (donné par ses générateurs) si et seulement si on le peut pour tous ses Im-noyaux.*

Théorème 10. *On peut décider par calcul* (resp. *par algorithme sûr*) *de la finitude d'une congruence sur un demi-groupe linéaire à image bornée (donné par ses généra-*

rateurs) si et seulement si on le peut pour tous ses sous-groupes caractéristiques.

Les résultats obtenus permettent aussi de décider [Ja 2] si un demi-groupe de matrices est "localement testable". [Za], [Mc Za].

5. RELATIVISATIONS DE LA NOTION DE FINITUDE.

Nous nous contentons ici d'évoquer quelques extensions des résultats déja présentés.

Soit donc H un demi-groupe muni d'une image à droite à valeur dans un ensemble ordonné à degré (Δ, δ).

Définition 5.1. Un sous-ensemble F de H sera dit Δ-fini si et seulement si son image dans Δ est finie. Une propriété est dite vraie Δ-localement sur H si et seulement si elle est vraie sur tout sous-demi-groupe admettant un système de générateurs Δ-fini.

Définition 5.2. Un demi-groupe à image H est dit de (k, Δ) -type-fini si H^k (pour $k \in N$) admet un système de générateurs Δ-fini une propriété est dite vraie (k, Δ)-localement sur H si et seulement si elle est vraie sur tout sous-demi-groupe de H de (k, Δ) -type fini.

Chacune de ces relativisations de la notion de finitude donne lieu à quatre théorèmes généralisant les théorèmes 6, 8, 10 et 11. Nous laissons au lecteur le soin de les expliciter.

CONCLUSION.

Nous voulons souligner, pour conclure, le caractère hautement calculable de la réduction faite ici de la finitude et de sa décidabilité. Précisons.

Pour tout demi-groupe M de type fini et à rang borné, les calculs menant au théorème 1 permettent de calculer un entier $\beta(M)$ tel que la finitude de M ou sa décidabilité, soient caractérisées par celles des Im-noyaux engendrés par des "mots" de M de longueur (en générateurs) au plus égale à $\beta(M)$. En d'autres termes, si S est un ensemble fini de générateur, ces propriétés de finitude et de décidabilité de la finitude nécessitent le seul calcul de $S^{\beta(M)}$.

=-=-=-=-=-=-=-=-=-=-=-=-=-=-=

B I B L I O G R A P H I E

On trouvera dans [Mc Za] une bibliographie sur les conditions de finitude dans les demi-groupes, comportant une liste des travaux récents. On s'y reportera. Nous citons ici les textes essentiels.

[Ja 1] JACOB G.
Un théorème de factorisation des produits d'endomorphismes de K^N ; à paraître, J. of Algebra.

[ka] KAPLANSKY I.
Fields and Rings ; 1969 Chicago Lect. notes of Math., Univ. of Chicago press.

[Mc, Za] Mc NAUGHTON R. and ZALCSTEIN I.
The Burnside problem for semi-groups ; J. of Algebra (1975).

[Schur] SCHUR I.
Über Gruppen periodischer Substitutionen ; Sitzungsbericht Preuss. Akad. Wiss. (1911) 619-627.

[Schü 1] SCHÜTZENBERGER M.P.
On finite monoids having only trivial subgroups ; Inf. and Control 8 (1965) 190-194.

[Schü 2] SCHÜTZENBERGER M.P.
Finite counting Automata ; Inf and Control 5 (1962) 91-107.

[Su] SUPRUNENKO D.
Soluble and Nilpotent linear groups ; 1958 ; Transl. Of Mathematical Monographs, 1963, Amer. Math. Soc. Providence, Rhode-Island.

[Za] ZALCSTEIN I.
Locally testable semi-groups ; Semi-group forum 5 (1973, 216-227.

[Ja 2] JACOB G.
Un algorithme calculant le cardinal - fini ou infini - des demi-groupes de matrices ; T.C.S. à paraître.

[Ja 3] JACOB G.
La finitude des représentations linéaires est décidable ; soumis pour publication au J. of Algebra.

Gérard JACOB

Université de LILLE
UER d'I.E.E.A. INFORMATIQUE
B.P. 36
59650 - VILLENEUVE d'ASCQ
FRANCE

Manuscrit remis le 27 mai 1976

PRESENTATIONS DE MONOIDES ET PROBLEMES ALGORITHMIQUES

Gérard LALLEMENT

I. Introduction.

On peut distinguer en théorie algébrique des monoïdes deux tendances générales qui, bien qu'elles se complémentent, restent fondamentalement distinctes. L'une de ces tendances consiste à traiter les monoïdes comme monoïdes de transformations sur un ensemble, l'autre à les envisager sous l'angle des calculs associatifs, c'est-à-dire à les considérer comme donnés par des générateurs et des relations. A l'origine de la première tendance on trouve le théorème de Cayley -tout monoïde est isomorphe à un sous-monoïde du monoïde de toutes les applications d'un ensemble dans lui-même- alors que la seconde tendance a comme point de départ le fait que tout monoïde est isomorphe à un quotient d'un monoïde libre. C'est ce dernier aspect qui fait l'objet du présent exposé. Rappelons brièvement le rôle historique joué par la notion de présentation, et ses liens avec d'autres théories mathématiques.

a) Le problème des mots pour un calcul associatif donné, fut posé par A. THUE, 1914 et résolu négativement par A.A. MARKOV et E. POST, 1947. Les recherches pour la solution de ce problème vont de pair avec la formalisation mathématique de la notion intuitive d'algorithme (théorie des fonctions récursives de S.C. KLEENE, machines de TURING, algorithmes de MARKOV, etc...)

b) Le problème des mots pour les monoïdes est un préliminaire essentiel au même problème pour les groupes. La non-décidabilité du problème des mots pour les groupes a été démontrée par P.S. NOVIKOV, 1955 et par W.W. BOONE, 1954, cf 1959. On notera également l'importance de la notion de calcul associatif dans les travaux de NOVIKOV-ADJAN, 1968 et J.P. BRITTON, 1973 pour résoudre le problème de BURNSIDE.

c) Des travaux plus récents (cf. D . FOATA et M.P. SCHUTZENBERGER, 1974) ont mis en lumière le fait que de nombreux problèmes combinatoires avaient pour cadre naturel le monoïde libre et que parfois leur solution s'appuyait en fin de compte sur des solutions de problèmes de mots (cf. en particulier la généralisation du Master Theorem de MAC MAHON dans P. CARTIER et D. FOATA, 1969). Enfin des recherches originales sur les langages context-free ont à leur source même, certaines présentations de monoïdes : voir en particulier les exposés de M. BENOIS, Y. COCHET, M. NIVAT sur les congruences parfaites et quasi-parfaites, ainsi que celui de J.C. SPEHNER sur les présentations des sous-monoïdes d'un monoïde libre au cours de ces Journées.

2. Présentation de monoïdes.

Soit M un monoïde, A un ensemble et φ une application de A dans M. On dit que A est un ensemble de générateurs de M par φ si l'extension naturelle $\hat{\varphi} : A^* \longrightarrow M$ de φ en un homomorphisme $\hat{\varphi}$ du monoïde libre A^* dans M est surjective. Dans ce cas, si $w, w' \in A^*$ vérifient $\hat{\varphi}(w) = \hat{\varphi}(w')$ ont dit que $w = w'$ est une relation dans M. Etant donné un ensemble de relations $\{w_i = w_i' : i \in I\}$ dans M, deux mots v, v' tels que $v = rw_is$, $v' = rw_i's$ pour un certain $i \in I$, vérifient $\hat{\varphi}(v) = \hat{\varphi}(v')$. La relation $v = v'$ est alors appelée une conséquence directe des relations $\{w_i = w_i' : i \in I\}$. Plus généralement, si les relations $v_0 = v_1, v_1 = v_2, \ldots, v_{n-1} = v_n$ sont conséquences directes, la relation $v_0 = v_n$ est appelée une conséquence des relations $\{w_i = w_i' : i \in I\}$. Lorsque toutes les relations dans M sont conséquences de $\{w_i = w_i' : i \in I\}$, le triplet $A, \varphi, \{w_i = w_i' : i \in I\}$ est appelé une présentation de M définie par φ. Posant $R = \{(w_i, w_i') : i \in I\}$ on note une telle présentation $\langle A ; R \rangle$ en ne précisant φ que si c'est nécessaire.

Exemple 2.1. Tout monoïde M admet la présentation $\langle M ; xy = x.y$ pour tout $x, y \in M \rangle$ où xy désigne le produit dans M^* et $x.y$ le produit dans M. Cette présentation de M s'appelle la table de multiplication de M. Etant donné un ensemble M et une application $f = M \times M \longrightarrow M$, la présentation $\langle M ; xy = f(x,y)$ pour tout $x, y \in M \rangle$ n'est pas, général, une table de multiplication comme le montre l'exemple suivant :

$$\langle \{a,b\} ; aa = a,\ ab = a,\ ba = b,\ bb = a \rangle$$

Proposition 2.2. *Soit* $\varphi : A \longrightarrow M$ *une application d'un ensemble* A *dans un monoïde* M *telle que son extension* $\hat{\varphi} : A^* \longrightarrow M$ *soit un homomorphisme surjectif, et soit* $R \subseteq A^* \times A^*$. *Les conditions suivantes sont équivalentes* :

(a) $\langle A ; R \rangle$ <u>est une présentation de</u> M <u>définie par</u> φ ;

(b) <u>La congruence</u> R^c <u>sur</u> A^* <u>engendrée par</u> R <u>coïncide avec</u> Ker $\hat{\varphi}$.

On en déduit :

<u>Corollaire 2.3. Soit</u> R <u>une relation binaire sur</u> A^* <u>et</u> R^c <u>la congruence engendrée par</u> R. <u>Le monoïde</u> $M = A^*/R^c$ <u>admet la présentation</u> $P = \langle A ; R \rangle$ <u>et tout monoïde ayant</u> P <u>comme présentation est isomorphe à</u> M.

Le couple (A ; R) "définit" donc, un monoïde A^*/R^c unique, à un isomorphisme près.

<u>Exemples 2.4.</u> a) Tout monoïde à un seul générateur a une présentation $\langle x ; \emptyset \rangle$ ou $\langle x ; x^m = x^{m+p} \rangle$.

b) Le monoïde de transformations de $\mathbb{N}$ engendré par x et y définis respectivement ainsi : $ix = i+1$ pour tout $i \in \mathbb{N}$, $iy = i-1$ et $0y = 0$ pour tout $i \in \mathbb{N}$, $i \neq 0$ admet la présentation $\langle a,b ; ab = 1 \rangle$ avec $\varphi(a) = x$, $\varphi(b) = y$.

c) Les présentations $\langle x,y : xy = yx = 1 \rangle$ et $\langle x,y ; xyx = 1 \rangle$ sont deux présentations différentes du groupe libre à un générateur ($\simeq \mathbb{Z}$).

d) Le monoïde présenté par $\langle x,y,u,v,r,s ; x = uyv, y = rxt \rangle$ est un "exemple" de monoïde dans lequel les équivalences $\mathcal{D}$ et $\mathcal{J}$ de Green sont distinctes.

Les doutes qu'on peut avoir quant à la définition d'un monoïde M par une présentation $\langle A ; R \rangle$ se formulent plus précisément en termes d'existence d'algorithmes. Ce sont les problèmes suivants (entre autres) :

(i) <u>Problème des mots</u>. Décider si $(w,w') \in R^c$ pour tout $w,w' \in A^*$.

(ii) <u>Problème de la divisibilité.</u> Décider s'il existe u [resp v, resp u,v] tel que $(u\,w,w') \in R^c$ [resp. $(wv,w') \in R^c$, resp. $(uwv,w') \in R^c$] pour tout $w,w' \in A^*$.

(iii) <u>Problème des sous-monoïdes</u>. Pour tout sous-ensemble $L \subseteq A^*$, décider s'il existe $w' \in L^{(*)}$ tel que $(w,w') \in R^c$, pour tout $w \in A^*$.

(iv) <u>Problème de la conjugaison</u>. Pour tout $u,v \in A^*$ décider si $(uv,vu) \in A^*$.

(v) <u>Problème de l'isomorphisme</u>. Pour toutes présentations $\langle A ; R \rangle$, $\langle B ; S \rangle$ décider si les monoïdes correspondants A^*/R^c et B^*/S^c sont isomorphes.

<u>3. Notion d'algorithme. Non décidabilité du problème des mots.</u>

La notion <u>d'algorithme normal</u> de MARKOV 1954, paraît être le plus proche de l'intuition : Soit A un alphabet et $\longrightarrow$,. des symboles non dans A. Un algorithme (normal) $\mathfrak{a}$ <u>en</u> A est une liste finie totalement ordonnée de

<u>formules de substitutions</u> des types $u \longrightarrow v$ et $u \longrightarrow .v$ $(u,v \in A^*)$. Le transformé simple de $w \in A^*$ est, soit w si w ne contient aucun membre de gauche d'une formule de substitution, soit $w' = rvs$ si $w = rus$ et u est le membre de gauche de la première formule de substitution possible dans l'ordre imposé. Le transformé $\mathfrak{a}(w)$ de w est $w' = w$ si w ne contient aucun membre de gauche d'une formule, ou bien $w = w_1, \ldots, w' = w_n$ avec w_{i+1} transformé simple de w_i et $w_{n-1} \longrightarrow .w_n$, le point indiquant l'arrêt du calcul. Un algorithme <u>sur</u> A est défini comme étant un algorithme en $B \not\supset A$. Les machines de TURING peuvent-être considérées comme des cas particuliers d'algorithmes normaux.

<u>Définition 3.1</u>. <u>Une fonction</u> $f : A^* \times A^* \times \ldots \times A^* \longrightarrow A^*$ <u>est dite normalement calculable s'il existe un algorithme</u> $\mathfrak{a}$ <u>sur</u> $A \cup \{a_0\}$ <u>avec</u> $a_0 \notin A$ <u>telle que</u> $\mathfrak{a}(a_0\, w_1\, a_0\, w_2 \ldots a_0\, w_n) = w$ <u>si et seulement si</u> $f(w_1, w_2, \ldots, w_n)$ <u>est définie</u> <u>et</u> $f(w_1, w_2, \ldots, w_n) = w$.

Un problème p (i.e. une application partielle $p = \prod_{i \in I} P_i \longrightarrow S$) est dit <u>décidable</u> si

a) Il existe une transcription de p sur un alphabet A. (i.e. les domaines des variables de p et des valeurs de p sont en bijection avec des sous-ensembles de A^*).

b) La transcription f de p est une fonction $f = A^* \times \ldots \times A^* \longrightarrow A^*$ normalement calculable.

<u>Exemple 3.2.</u> On démontre, avec les définitions ci-dessus, que le problèmes des mots pour la présentation $\langle A\, ;\, R \rangle$ est décidable si et seulement si il existe un algorithme $\mathfrak{a}$ sur $B = A \cup \{\equiv\}$, tel que pour tout $z \in B^*$, $\mathfrak{a}(z) = 1$ si et seulement si z est de la forme $w_1 \equiv w_2$ avec $(w_1, w_2) \in R^c$.

Etant donné un alphabet $A = \{a_1, a_2, \ldots, a_n\}$ on définit la <u>fonction lexicographique</u> $\lambda : A^* \longrightarrow \mathbb{N}$ en posant $\lambda(1) = 0$ et pour $w = a_{i_K} a_{i_{K-1}} \ldots a_{i_0}$ non vide on pose $\lambda(w) = i_0 + i_1 n + \ldots + i_K n^k$ avec $1 \leq i_0, i_1, \ldots, i_K \leq n$. Cette fonction λ définit une bijection de A^* sur $\mathbb{N}$ et nous dirons qu'un langage $L \subseteq A^*$ est <u>récursif</u> [resp. <u>récursivement énumérable</u>, en abrégé r.e.] si $\lambda(L)$ est un ensemble récursif [resp. r.e.] de $\mathbb{N}$. Cette fonction λ s'étend d'ailleurs à l'ensemble de toutes les fonctions partielles $F : A^* \times A^* \times \ldots \times A^* \longrightarrow A^*$ en posant

$$\bar{\lambda}(F)(n_1, n_2, \ldots, n_k) = \lambda F(\lambda^{-1}(n_1), \lambda^{-1}(n_2), \ldots, \lambda^{-1}(n_k)) \quad \text{pour tout}$$

$n_1, n_2, \ldots, n_K \in \mathbb{N}$.

Ceci permet de transférer la terminologie et les notions concernant les fonctions récursives $f : \mathbb{N} \times \mathbb{N} \times \ldots \times \mathbb{N} \longrightarrow \mathbb{N}$ aux fonctionx de mots F (e.g. F est dite partielle récursive si $\bar{\lambda}(F)$ est une fonction <u>partielle récursive</u>). Le théorème suivant résume la convergence des théories de KLEENE, TURING, MARKOV (cf, par exemple A.I. MAL'CEV, 1965).

Théorème 3.3. Soit $F : A^* \times A^* \times \ldots \times A^* \longrightarrow A^*$ une fonction de mots partiellement définie. Les conditions suivantes sont équivalentes :

(i) F est normalement calculable (cf. Défintion 3.1.) ;

(ii) F est une fonction partielle récursive ;

(iii) F est une fonction calculable au sens de Turing.

La condition (iii) signifie qu'il existe une machine de Turing sur $\{a_0,a_1,\ldots,a_n\} = A \cup \{a_0\}$ qui, commençant à lire le mot $a_0w_1a_0w_2,\ldots,a_0w_k$, s'arrête en "restituant" $w \in A^*$ si et seulement si $F(w_1,w_2,\ldots,w_k)$ est défini et $= w$.

Revenant à l'exemple 3.2., on voit alors que si le problème des mots pour la présentation $\langle A ; R \rangle$ est décidable, alors pour tout $w_1 \in A^*$ le langage $S(w_1) = \{w \in A^* : (w,w_1) \in R^c\}$ est récursif. Par conséquent, pour construire un exemple de problème de mots non décidable, il suffit de trouver une présentation $\langle A ; R \rangle$ et $w_1 \in A^*$ tel que $S(w_1)$ soit non récursif. En traduisant, à l'aide du théorème 3.2., l'existence d'un ensemble de nombres r.e. mais non récursif, en termes de machine de Turing $\mathcal{C}$, pris en associant à cette machine une présentation dont l'effet sur les mots est analogue à celui de $\mathcal{C}$, on obtient :

Théorème 3.4. (A.A. MARKOV, 1947, E. POST 1947). Il existe une présentation finie $\langle A ; R \rangle$ d'un monoïde avec un problème de mots non décidable.

S'appuyant sur ce résultat P.S. NOVIKOV, 1955 et W.W. BOONE, 1954-57 ont démontré que le problème des mots pour les groupes était lui aussi non décidable. Utilisant ce dernier résultat et un encodage des présentations dont les relations sont du type $W_1 = 1, W_2 = 1,\ldots,W_n = 1$ à l'intérieur d'une même présentation sur un alphabet de 5 lettres, C.C. TZEITIN 1958 a obtenu :

Théorème 3.5. Le problème des mots pour la présentation T ci-dessous est non décidable : $T = \langle a,\bar{a},b,\bar{b},e ; \alpha\bar{\beta} = \bar{\beta}\alpha$ et $e\bar{\alpha}\alpha = \bar{\alpha}e$ pour $\alpha, \beta \in \{a,b\}$, $\bar{a}\bar{a}a = \bar{a}\bar{a}ae \rangle$.

A partir de ce résultat J. MATIJASEVIC, 1967, donne un exemple de problème non décidable avec seulement 3 relations. Signalons qu'une démonstration directe de la non décidabilité du problème des mots pour la présentation T permettrait d'en déduire la non décidabilité du problème des mots pour les groupes.

4. Quelques problèmes de mots décidables.

Nous parlerons essentiellement des monoïdes présentés par une seule relation, renvoyant aux articles cités en 1) c) pour d'autres exemples remarquables. Conjecture. Tout monoïde présenté par une seule relation a un problème des mots décidable. Les résultats qui permettent d'avancer cette conjecture sont les suivants :

Théorème 4.1. (ADJAN, 1966) Un monoïde M présenté par $\langle A \; ; \; w = w' \rangle$ avec w et w' non identiques et distincts du mot vide, est simplifiable si et seulement si les lettres initiales de w et w' sont différentes et les lettres finales de w et w' sont différentes. Dans ce cas M est plongeable dans le groupe présenté par $\langle A \; ; \; w = w' \rangle$ et a un problème de mots décidable.

Ce résultat s'appuye sur la décidabilité du problème des mots pour les groupes à un relateur (W. MAGNUS, 1932). Par ailleurs, dans le même article, ADJAN étudie les monoïdes présentés par $\langle A \; ; \; w_1 = 1, \; w_2 = 1, \ldots, w_n = 1 \rangle$ et montre que la décidabilité du problème des mots se ramène à la question de savoir si leur groupe des unités a un problème des mots décidable. Comme la réponse est positive pour les groupes à un relateur,il en déduit que les monoïdes $\langle A \; ; \; w=1 \rangle$ ont un problème des mots décidable. Ce résultat se généralise de la façon sauivante :

Théorème 4.2. (G. LALLEMENT, 1974) Tout monoïde présenté par une seule relation et ayant des idempotents distincts de 1, a un problème de mots décidable.

Compte tenu du fait que de tels monoïdes ont une présentation $\langle A \; : \; w=w' \rangle$ avec w facteur gauche et facteur droit de w', on voit que ce cas est à l'opposé de celui évoqué par le théorème 4.1. Pour régler définitivement le sort de la conjecture du début du paragraphe il reste à examiner le cas des présentations où w et w' ont un facteur gauche ou un facteur droit commun. Illustrons le théorème 4.2. :

Exemple 4.3. $M = \langle x,y,z \; ; \; xyxzxyx = x \rangle$. Dans A^* le sous monoïde $S(x) = \{ m \in A^* : mx \in x A^* \} = xA^* \cup \{1\}$ est engendré par le code suffixe $\{ x, xy, xz, xy^2, \ldots \}$ qu'on met en bijection avec l'ensemble $\Sigma = \{\alpha, \beta, \gamma, \ldots\}$. Le mot $xyxzxy$ (membre de gauche de la relation dont on a supprimé le facteur terminal identique au membre droit) s'écrit $\beta\gamma\beta$ sur Σ et donne naissance au monoïde $L(M) = \langle \Sigma \; ; \beta\gamma\beta = 1 \rangle$. Tout mot m de A^* s'écrit de façon unique $m = ux \ldots xv = u\omega xv$ avec $u,v \in \{y,z\}^*$ et $\omega \in \Sigma^*$. Si $m_1 = u_1 \omega_1 x v_1$, on a $m = m_1$ dans M si et seulement si $u = u_1$, $v = v_1$ dans A^* et $\omega = \omega_1$ dans $L(M)$, d'où la décidabilité du problème des mots dans M.

Certaines conditions de caractère purement algébrique sont liées à la décidabilité du problème des mots. C'est le cas de la propriété d'être résiduellement fini. Un monoïde M est dit résiduellement fini si pour tout m_1, $m_2 \in M$, $m_1 \neq m_2$ il existe un homomorphisme $\varphi : M \longrightarrow \varphi(M)$ tel que $\varphi(M)$ soit fini et $\varphi(m_1) \neq \varphi(m_2)$.

Proposition 4.4. Tout monoïde finiment présenté et résiduellement fini a un problème des mots décidable . (cf. par exemple, DYSON, 1964 pour le cas des groupes).

La réciproque n'est pas vraie comme le montre soit le monoïde bicyclique, soit l'exemple suivant :

Exemple 4.5. $M = \langle x,y \; ; \; xy^2 = y \rangle$. Le problème des mots se résoud facilement en mettant tout mot sous la forme $y^k x^{\alpha_1} y x^{\alpha_2} y \ldots x^{\alpha_n}$. Dans M on a $y \neq yxy$ mais dans tout monoïde fini la relation $xy^2 = y$ implique $y = yxy$. Dans toute image homomorphe finie de M on ne peut donc séparer y de yxy : M n'est pas résiduellement fini.

Exemple 4.6. Tout monoïde de matrices sur un corps, finiment engendré, est résiduellement fini. Voir à ce propos l'exposé de G. JACOB à ces Journées.

Signalons enfin les résultats suivants, valables pour des classes d'algèbres plus générales que les monoïdes (cf. G.SABBAGH, 1974 pour le cas des groupes) :

Théorème 4.7. Soit M un monoïde finiment engendré. Les conditions suivantes sont équivalentes :

(i) M a un problème de mots décidable ;

(ii) M est plongeable dans un sous-monoïde simple (i.e. sans congruences propres) d'un monoïde finiment engendré. (A.V. KUZNETZOV, 1958).

(iii) M est plongeable dans tout monoïde algébriquement clos.

(B.H. NEUMANN, 1973, A. MACINTYRE, 1972).

REFERENCES

A. THUE, 1914 : Probleme über Veränderungen von Zeichenreihen nach gegebenen Regeln, Skrifter utgit av Videnskapsselskapet ; Kristiania, I Metematik naturviderskabelig Klasse 1914, n°10, 34p.

A.A. MARKOV, 1947 : Sur l'impossibilité de certains algorithmes en théorie des systèmes associatifs, Doklady Akad. Nauk. 55, p 587-590, 58, p 353-356 (en russe).

E. POST, 1947 : Recursive unsolvability of a problem of Thue, J. of Symbolic Logic 12, p 1-11.

P.S. NOVIKOV, 1955 : Sur la non résolubilité algorithmique du problème de l'égalité des mots en théorie des groupes. Tr. Matem. In-ta A.N. SSR, t.44, p 1-144 (en russe).

W.W. BOONE : The word problem, Annals of Math. 70, n°2, p 207-265.

P.S. NOVIKOV et S.I. ADJAN, 1968 : Sur les groupes périodiques infinis, I, II, III, Izv. Akad. Nauk SSSR 32, p 212-244, p 251-524, p 709-731. Relations de définition et probleme de l'égalité pour les groupes périodiques d'ordre impair, p 971-979 (en russe).

J.L. BRITTON, 1973 : The existence of infinite Burnside groups, in "Word problems : Decision problems and the Burnside problem in group theory", North Holland Amsterdam 1973, p 67-348.

D. FOATA et M.P. SCHUTZENBERGER, 1974 : Etude géométrique des polynômes eulériens Lecture notes in Mathematics, vol 514, Springer Verlag, Berlin-New-York.

P. CARTIER et D. FOATA, 1969 : Problèmes combinatoires de commutation et réarrangements Lecture notes in Mathematics, vol 85 Springer-Verlag Berlin-New-York.

A.A. MARKOV, 1954 : Théorie des algorithmes Tr. Matem. In-ta A.N. SSSR, t.42 (ren russe).

A.T. MAL'CEV, 1965 : Algorithmes et fonctions recursives, Moscou (en russe).

G.S. TZEITIN, 1958 : Calculs associatifs avec problème d'équivalence non résoluble, Tr. Matem. In-ta A.N. SSSR, t.52 p 172-189.

J. MATIJASEVIC, 1967 : Exemple simple de calcul canonique non résoluble, Doklady Akad. Nauk, 173 p 1264-1266 (voir aussi Tr. Matem. In-ta A.N. SSSR t.93, p 50-88) (en russe).

S.I. ADJAN, 1966 : Relations de définition et problèmes algorithmiques pour les groupes et semigroupes, Tr. Matem. In-ta A.N. SSSR t.85 (en russe).

W. MAGNUS, 1932 : Das Identitätsproblem für Gruppen mit einer definierenden Relation, Math. Ann. 106, p 295-307.

G. LALLEMENT, 1974 : On monoids presented by a single relation, J. of Algebra 32, p 370-388.

DYSON, 1964 : The word problem and residually finite groups, Notices Amer. Math. Soc. 11, p 743.

G. SABBAGH, 1974 : Caracterisation algébrique des groupes de type fini ayant un problème de mots résolubles, Séminaire N. Bourbaki 27ème année 1974-75, n°457, nov. 1974 (Lectures Notes in Mathematics, vol 514, Springer-Verlag).

A.V. KUZNETZOV, 1958 : Algorithmes comme opérations dans les systèmes algébriques Uspeki Matem. Nauk, 13, n°3, p 240-241.

B.H. NEUMANN, 1973 : The isomorphism problem for algebraically closed groups, in "Word problems : Decision problems and the Burnside problem in group theory", North Holland, Amsterdam, p 553-562.

A. MACINTYRE, 1972 : On algebraically closed groups, Annals of Math. 96, p 53-97.

Manuscrit reçu le 27 Mai 1976

SEMILATTICES OF MODULES

Pastijn F. and Reynaerts H.

In [3] and [4] semilattices of groups, together with a ring of endomorphisms have been introduced. In this paper we shall give different structure theorems for these "semilattices of modules", and we shall define the dual of a semilattice of modules.

1. DEFINITION. Let $S,.$ be a commutative semigroup and $R,+,\circ$ a ring with identity element 1 and zero element 0. We consider a mapping $R\times S \longrightarrow S$, $(\alpha,x) \longrightarrow \alpha x$, satisfying the following conditions :

(i) $\alpha(xy) = (\alpha x)(\alpha y)$ for any $\alpha \in R$ and any $x,y \in S$,

(ii) $(\alpha+\beta)x = (\alpha x)(\beta x)$ for any $\alpha,\beta \in R$ and any $x \in S$,

(iii) $(\alpha\circ\beta)x = \alpha(\beta x)$ for any $\alpha,\beta \in R$ and any $x \in S$,

(iv) $1x = x$ for any $x \in S$.

The so defined structure $(R,+,\circ,S,.)$ will be called a semilattice of left R-modules. A semilattice of right R-modules can be defined in the same way. Condition (iii) must then be replaced by

(iii)' $(\alpha\circ\beta)x = \beta(\alpha x)$ for any $\alpha,\beta \in R$ and any $x \in S$.

It will be more convenient to denote mapping $R\times S \longrightarrow S$ by $(\alpha,x) \longrightarrow x\alpha$; (iii)' then becomes

(iii)' $x(\alpha\circ\beta) = (x\alpha)\beta$ for any $\alpha,\beta \in R$ and any $x \in S$.

2. PROPERTIES. Let S be a semilattice of left R-modules. 1 and 0 are the identity element and the zero element of R. For any $x \in S$ we

have

$$(0x)(0x) = (0+0)x = 0x,$$
$$(0x)x = (0x)(1x) = (0+1)x = 1x = x,$$
$$x(0x) = x,$$
$$((-1)x)x = ((-1)x)(1x) = (-1+1)x = 0x,$$
$$x((-1)x) = 0x.$$

We conclude that any element x of S belongs to a maximal subgroup of S with identity element $0x$; the inverse of x in this maximal subgroup of S is $(-1)x$. Hence S is a semilattice of commutative groups [2].

Let e be any idempotent element of S. Since e and $0e$ are both idempotents of a same maximal subgroup of S we must have $e = 0e$. For any $\alpha \in R$ and any idempotent e of S we can put

$$\alpha e = \alpha(0e) = (\alpha \circ 0)e = 0e = e.$$

Let us now suppose that x is an element of S contained in the maximal subgroup with identity e, then

$$(\alpha x)e = (\alpha x)(\alpha e) = \alpha(xe) = \alpha x,$$
$$e(\alpha x) = \alpha x,$$
$$(\alpha x)((-\alpha)x) = (\alpha - \alpha)x = 0x = e,$$
$$((-\alpha)x)(\alpha x) = e , \qquad \text{for any } \alpha \in R.$$

From this we conclude that αx too belongs to the maximal subgroup of S with identity e, for any $\alpha \in R$; hence, the maximal subgroups of S are left invariant by R, and they can consequently be considered as left R-modules. This justifies our terminology "semilattice of left R-modules".

Let Y be the structure semilattice of S. With any $\kappa \in Y$ corresponds a maximal subgroup H_κ of S ; the identity of H_κ will be denoted by e_κ. In S we consider the following partial ordering : for any $x, y \in S$, $x \in H_\kappa$ we have $x \leq y$ if and only if $x = ye_\kappa$. Let us now suppose that $x, y \in S$, $x \in H_\kappa$, and $x \leq y$; let $\alpha \in R$, then $x = ye_\kappa$ and thus

$$\alpha x = \alpha(ye_\kappa) = (\alpha y)(\alpha e_\kappa) = (\alpha y)e_\kappa ,$$

and since $\alpha x \in H_\kappa$ this implies $\alpha x \leq \alpha y$. We conclude that the elements of R are order preserving endomorphisms.

3. A SEMILATTICE OF RIGHT R-MODULES ASSOCIATED WITH A SEMILATTICE OF LEFT R-MODULES.

Let S^1 be semilattice of left R-modules. Let $\mathbb{C}$ be the field of complex numbers. The mapping $\chi : S^1 \to \mathbb{C}$ will be called a character of S^1 if

(i) $\chi(xy) = (\chi x)(\chi y)$ for any $x, y \in S^1$,

(ii) $|\chi(x)| = 1$ or 0 for any $x \in S^1$.

An ideal P of S^1 will be called a prime ideal if $S^1 \setminus P$ is a subsemigroup of S^1. If χ is a character of S^1, then $P_\chi = \{x \in S^1 \| |\chi(x)| = 0\}$ is a prime ideal of S^1. If χ and ψ are characters of S^1, then the mapping $\psi\chi ; S^1 \to \mathbb{C}$, $x \to (\psi x)(\chi x)$ is also a character of S^1 and $P_{\psi\chi} = P_{\chi\psi} = P_\psi \cup P_\chi$. The set of all characters of S^1, together with this composition is the so-called character semigroup S^* of S^1. S^* is a semilattice of commutative groups ; $\chi, \psi \in S^*$ belong to a same maximal subgroup of S^* if and only if $P_\chi = P_\psi$ [2].

We define the mapping $R \times S^* \to S^*$, $(\alpha, \chi) \to \chi\alpha$ as follows :

$$(\chi\alpha)x = \chi(\alpha x) \quad \text{for any } \chi \in S^*, \alpha \in R,\ x \in S^1.$$

Since for any $\chi \in S^*, \alpha \in R$, $x, y \in S^1$, we have

$$(\chi\alpha)(xy) = \chi(\alpha(xy)) = \chi((\alpha x)(\alpha y)) = (\chi(\alpha x))(\chi(\alpha y)) = ((\chi\alpha)x)((\chi\alpha)y) ,$$

and

$$|(\chi\alpha)x| = |\chi(\alpha x)| = 0 \text{ or } 1 ,$$

$\chi\alpha$ must be a character of S^1. For any $\chi, \psi \in S^*, \alpha \in R$, $x \in S^1$, we have

$$((\chi\psi)\alpha)x = (\chi\psi)(\alpha x) = (\chi(\alpha x))(\psi(\alpha x)) = ((\chi\alpha)x)((\psi\alpha)x) = ((\chi\alpha)(\psi\alpha))x,$$

hence $(\chi\psi)\alpha = (\chi\alpha)(\psi\alpha)$. For any $\chi \in S^*, \alpha, \beta \in R$, $x \in S^1$, we have

$$(\chi(\alpha+\beta))x = \chi((\alpha+\beta)x) = \chi((\alpha x)(\beta x)) = (\chi(\alpha x))(\chi(\beta x)) = ((\chi\alpha)x)((\chi\beta)x) = ((\chi\alpha)(\chi\beta))x,$$

hence $\chi(\alpha+\beta) = (\chi\alpha)(\chi\beta)$, and

$$(\chi(\alpha \circ \beta))x = \chi((\alpha \circ \beta)x) = \chi(\alpha(\beta x)) = (\chi\alpha)(\beta x) = ((\chi\alpha)\beta)x,$$

hence $\chi(\alpha \circ \beta) = (\chi\alpha)\beta$. For any $\chi \in S^*$, $x \in S^1$ we have

$$(\chi 1)x = \chi(1x) = \chi x,$$

hence $\chi 1 = \chi$. We conclude that S^* is a semilattice of right R-modules.

4. THEOREM. Let Y be a semilattice and $\{H_\kappa \| \kappa \in Y\}$ a set of pairwise disjoint commutative groups. We suppose that for any $\kappa \in Y$, R_κ is a ring with identity 1_κ, and H_κ is a left R_κ-module. For any $\lambda, \mu \in Y$, $\lambda \geq \mu$ there exists a homomorphism $\Phi_{\lambda,\mu} : H_\lambda \to H_\mu$, $x \to \Phi_{\lambda,\mu}x$, such that

(i) $\Phi_{\kappa,\kappa}$ is the identity mapping of H_κ for any $\kappa \in Y$,

(ii) $\Phi_{\mu,\nu}\Phi_{\lambda,\mu} = \Phi_{\lambda,\nu}$ for any $\lambda, \mu, \nu \in Y$, $\lambda \geq \mu \geq \nu$,

(iii) for any $\lambda, \mu \in Y$, $\lambda \geq \mu$ there exists a ring $R_{\lambda,\mu}$ which is a subdirect product of R_λ and R_μ containing $(1_\lambda, 1_\mu)$, such that for any $(\alpha_\lambda, \alpha_\mu) \in R_{\lambda,\mu}$, $\Phi_{\lambda,\mu}\alpha_\lambda = \alpha_\mu \Phi_{\lambda,\mu}$.

In $S = \bigcup_{\kappa \in Y} H_\kappa$ we define multiplication as follows : if $x \in H_\lambda$, $y \in H_\mu$, and $\nu = \lambda \wedge \mu$ in Y we put $xy = (\Phi_{\lambda,\nu}x)(\Phi_{\mu,\nu}y)$ (1). Let R be a subdirect product of the rings R_κ, $\kappa \in Y$, containing $(1_\kappa, \kappa \in Y)$, such that for any $\lambda, \mu \in Y, \lambda \geq \mu$, $(\alpha_\kappa, \kappa \in Y) \in R$ implies $(\alpha_\lambda, \alpha_\mu) \in R_{\lambda,\mu}$ (2).

For any $\alpha = (\alpha_\kappa, \kappa \in Y) \in R$ and any $x \in S$, $x \in H_\lambda$ we define $\alpha x = \alpha_\lambda x$ (3). The so defined structure S is a semilattice of left R-modules. Conversely, any semilattice of left modules can be constructed in this way.

PROOF. By Clifford's structure theorem the semigroup S constructed in this way must be a semilattice of commutative groups. We next show that conditions (i), (ii), (iii) and (iv) of definition 1 hold. For any $\alpha \in R$, $\alpha = (\alpha_\kappa, \kappa \in Y)$, for any $x, y \in S$, $x \in H_\lambda$, $y \in H_\mu$, and $\nu = \lambda \wedge \mu$ in Y, we have

$$\begin{aligned}
\alpha(xy) &= \alpha((\Phi_{\lambda,\nu} x)(\Phi_{\mu,\nu} y)) \\
&= \alpha_\nu((\Phi_{\lambda,\nu} x)(\Phi_{\mu,\nu} y)) \\
&= (\alpha_\nu \Phi_{\lambda,\nu} x)(\alpha_\nu \Phi_{\mu,\nu} y) \\
&= (\Phi_{\lambda,\nu} \alpha_\lambda x)(\Phi_{\mu,\nu} \alpha_\mu y) \\
&= (\alpha_\lambda x)(\alpha_\mu y) \\
&= (\alpha x)(\alpha y).
\end{aligned}$$

For any $\alpha, \beta \in R$, $\alpha = (\alpha_\kappa, \kappa \in Y)$, $\beta = (\beta_\kappa, \kappa \in Y)$, and for any $x \in S$, $x \in H_\kappa$ we have

$$(\alpha + \beta)x = (\alpha_\kappa + \beta_\kappa)x = (\alpha_\kappa x)(\beta_\kappa x) = (\alpha x)(\beta x),$$

and

$$(\alpha \circ \beta)x = (\alpha_\kappa \circ \beta_\kappa)x = \alpha_\kappa(\beta_\kappa x) = \alpha(\beta x).$$

$1 = (1_\kappa, \kappa \in Y)$ must be the identity element of R, and $1x = x$ for any $x \in S$. We conclude that S is a semilattice of left R-modules $H_\kappa, \kappa \in Y$.

Let us conversely suppose that S is a semilattice of left R-modules. By 2 we know that S is a semilattice of commutative groups H_κ, $k \in Y$; Y is the structure semilattice of S ; the structure homomorphisms $\Phi_{\lambda,\mu}$, $\lambda, \mu \in Y$, $\lambda \geq \mu$, satisfy conditions (i), (ii) and (1) of the theorem [2]. Suppose e_κ is the identity element of H_κ, $\kappa \in Y$; then we have for any $\lambda, \mu \in Y$, $\lambda \geq \mu$

$$\Phi_{\lambda,\mu} : H_\lambda \longrightarrow H_\mu, \; x \longrightarrow xe_\mu .$$

Suppose that the mapping $R \longrightarrow R_\kappa, \alpha \longrightarrow \alpha_\kappa$ is a ring isomorphism for any $\kappa \in Y$, and define $\alpha_\kappa x = \alpha x$ for any $x \in H_\kappa$. By 2 we know that for any $\kappa \in Y$, H_κ then becomes a left R_κ-module. R can be considered as a subdirect product of rings R_κ, $\kappa \in Y$, by identifying α with $(\alpha_\kappa, \kappa \in Y)$ for any $\alpha \in R$. For any $\lambda, \mu \in Y$, $\lambda \geq \mu$, we put $R_{\lambda,\mu} = \{(\alpha_\lambda, \alpha_\mu) \,||\, \alpha \in R\}$. It must be evident that conditions (2) and (3) of the theorem are satisfied. For any $x \in S$, $x \in H_\lambda$, $\lambda, \mu \in Y$, $\lambda \geq \mu$, and for any $\alpha \in R$ we have

$$\Phi_{\lambda,\mu} \alpha_\lambda x = e_\mu(\alpha x) = (\alpha e_\mu)(\alpha x) = \alpha(e_\mu x) = \alpha_\mu \Phi_{\lambda,\mu} x$$

and thus

$$\Phi_{\lambda,\mu} \alpha_\lambda = \alpha_\mu \Phi_{\lambda,\mu} ,$$

hence condition (iii) of the theorem is satisfied. This completes the proof of the theorem.

5. REMARKS.

5.1. Let S be a semilattice of left R-modules, constructed from a semilattice Y, left R_κ-modules H_κ, $\kappa \in Y$, and homomorphisms $\Phi_{\lambda,\mu}$, $\lambda, \mu \in Y, \lambda \geq \mu$, as described in the direct part of the theorem ; S is then a semilattice of left R-modules $H_\kappa, \kappa \in Y$. For any $\kappa \in Y$ the projection of R onto R_κ is a homomorphism, and the left R-module H_κ is associated with this homomorphism and with the left R_κ-module H_κ.

5.2. If Y is semilattice of left R-modules $H_\kappa, \kappa \in Y$, then the structure homomorphism $\Phi_{\lambda,\mu}$, $\lambda, \mu \in Y, \lambda \geq \mu$, is a R-linear mapping of left R-module H_λ into left R-module H_μ.

5.3. Let Y be any semilattice and $(H_\kappa, \kappa \in Y)$ a family of pairwise disjoint left R_κ-modules, $\kappa \in Y$. Then we can always construct a semilattice of left R-modules H_κ in which Y is the structure semilattice and R is any subdirect product of the $R_\kappa, \kappa \in Y$, containing $(1_\kappa, \kappa \in Y)$, in such a way that for all $\kappa \in Y$ the left R-module H_κ is the left module associated with the projection of R onto R_κ and with the R_κ-module H_κ. It suffices to take

$$\Phi_{\lambda,\mu} : H_\lambda \longrightarrow H_\mu , \; x \longrightarrow e_\mu ,$$

for all $\lambda, \mu \in Y, \lambda \geq \mu$, and all $x \in H_\lambda$.

5.4. If S is a semilattice of left R-modules $H_\kappa, \kappa \in Y$, then $\ker \Phi_{\lambda,\mu}$, $\lambda, \mu \in Y, \lambda \geq \mu$, is a R-stable subgroup of H_λ and $\Phi_{\lambda,\mu} H_\lambda$ is a R-stable subgroup of H_μ.

6. EXAMPLES

6.1. Let $\mathbb{Z}$ be the ring of integers and S a semilattice of commutative groups. Let x be any element of S, e the identity of the maximal subgroup of S containing x, and x' the inverse of x in this maximal subgroup. We then define the mapping $Z \times S \longrightarrow S$, $(n,x) \longrightarrow nx$ in the following way :

$$\begin{aligned} nx &= x^n && \text{if } n > 0 \\ &= e && \text{if } n=0 \\ &= x'^{-n} && \text{if } n < 0 \;. \end{aligned}$$

In this way S becomes a semilattice of left $\mathbb{Z}$-modules.

6.2. Let G be a left R-module and $\mathcal{F}_G$ the set of all partial mappings on the set G. In $\mathcal{F}_G$ we define the following composition ; let $f,g \in \mathcal{F}_G$, then we put

$$\operatorname{dom} fg = \operatorname{dom} f \cap \operatorname{dom} g \;,$$

and

$$(fg)x = (fx)(gx) \quad \text{for any} \quad x \in \text{dom } fg \ .$$

In this way $\mathcal{F}_G$ becomes a semilattice of commutative groups ; f, $g \in \mathcal{F}_G$ belong to a same maximal subgroup if and only if dom f = dom g ; the structure homomorphisms are epimorphisms. A mapping $R \times \mathcal{F}_G \longrightarrow \mathcal{F}_G$, $(\alpha, f) \longrightarrow \alpha f$ is defined by the following ; for any $f \in \mathcal{F}_G$, and any $\alpha \in R$ we put

$$\text{dom } f = \text{dom } \alpha f,$$

and

$$(\alpha f)x = \alpha(fx) \quad \text{for any} \quad x \in \text{dom } f \ .$$

For any $\alpha \in R$, and any f, $g \in \mathcal{F}_G$ we have

$$\text{dom } \alpha(fg) = \text{dom } fg = \text{dom } f \cap \text{dom } g = \text{dom } \alpha f \cap \text{dom } \alpha g = \text{dom } (\alpha f)(\alpha g),$$

and for any $x \in \text{dom } f \cap \text{dom } g$ we must have

$$(\alpha (fg))x = \alpha ((fg)x) = \alpha ((fx)(gx)) = (\alpha (fx))(\alpha (gx))$$
$$= ((\alpha f)x)((\alpha g)x) = ((\alpha f)(\alpha g))x,$$

hence $\alpha(fg) = (\alpha f)(\alpha g)$.

For any α, $\beta \in R$, and any $f \in \mathcal{F}_G$ we have

$$\text{dom}(\alpha + \beta)f = \text{dom } f = \text{dom } \alpha f \cap \text{dom } \beta f = \text{dom } (\alpha f)(\beta f),$$

and for any $x \in \text{dom } f$ we must have

$$((\alpha + \beta)f)x = (\alpha + \beta)(fx) = (\alpha (fx))(\beta(fx)) = ((\alpha f)x)\ ((\beta f)x)$$
$$= ((\alpha f)(\beta f))x,$$

hence $(\alpha + \beta)f = (\alpha f)(\beta f)$; moreover

$$\text{dom}(\alpha \circ \beta)f = \text{dom } f = \text{dom } \beta f = \text{dom } \alpha(\beta f),$$

and for $x \in \text{dom } f$ we must have

$$((\alpha \circ \beta)f)x = (\alpha \circ \beta)(fx) = \alpha(\beta(fx)) = \alpha((\beta f)x) = (\alpha (\beta f))x,$$

hence $(\alpha \circ \beta)f = \alpha (\beta f)$.

For any $f \in \mathcal{F}_G$ we have dom f = dom 1 f and for any $x \in \text{dom } f$ we must have $(1f)x = 1(fx) = fx$, hence $1f = f$.

We conclude that $\mathcal{F}_G$ is a semilattice of left R-modules.

6.3. Let S a semilattice of commutative groups, and $\mathcal{E}_S$ the set of all endomorphisms of S for which all maximal subgroups of S are left invariant. We define two binary operations + and $\circ$ on $\mathcal{E}_S$ as follows : for any $f,g \in \mathcal{E}_S$ and any $x \in S$ we put

$$(f+g)x = (fx)(gx),$$

and

$$(f \circ g)x = f(gx).$$

$\mathcal{E}_S$ then becomes a ring and S a semilattice of left $\mathcal{E}_S$-modules.

7. THEOREM. Let G be a left R-module and $(G_\kappa, \kappa \in Y)$, $(N_\kappa, \kappa \in Y)$ two families

of R-stable subgroups of G such that

(i) N_κ is a subgroup of G_κ for any $\kappa \in Y$,

(ii) for any $\lambda, \mu \in Y$ there exists an element ν of Y such that G_ν is the unique smallest group of $(G_\kappa, \kappa \in Y)$ which contains both G_λ and G_μ, and such that N_ν is the unique smallest group of $(N_\kappa, \kappa \in Y)$ which contains both N_λ and N_μ.

By the mapping $Y \times Y \to Y$, $(\lambda, \mu) \to \lambda \wedge \mu = \nu$, defined by (ii), Y becomes a semilattice.

Let $(H_\kappa, \kappa \in Y)$ be a family of pairwise disjoint groups such that $H_\kappa \cong G_\kappa / N_\kappa$ for any $\kappa \in Y$. Let $\psi_\kappa : G_\kappa \to H_\kappa$ be an epimorphism with kernel N_κ for any $\kappa \in Y$. Put $S = \bigcup_{\kappa \in Y} H_\kappa$. For any $\lambda, \mu \in Y, \lambda \geq \mu$, the mapping $\psi_\mu \psi_\lambda^{-1} = \Phi_{\lambda,\mu} : H_\lambda \to H_\mu$ is a homomorphism of H_λ into H_μ. In S we define multiplication in the following way : for any $\lambda, \mu \in Y$, $x \in H_\lambda$, $y \in H_\mu$, and $\nu = \lambda \wedge \mu$ in Y, we put $xy = (\Phi_{\lambda,\nu} x)(\Phi_{\mu,\nu} y)$. We next define mapping $R \times S \to S$, $(\alpha, x) \to \alpha x$, in the following way : for any $\kappa \in Y$, for any $x \in H_\kappa$, and any $\alpha \in R$ we put $\alpha x = (\psi_\kappa \alpha \psi_\kappa^{-1}) x$. Then S becomes a semilattice of left R-modules.

Conversely, any semilattice of left modules can be constructed in this way.

PROOF. We first show the direct part of the theorem which is in fact an immediate consequence of 4. For any $\kappa \in Y$ we consider a ring isomorphism $R \to R_\kappa$, $\alpha \to \alpha_\kappa$, and we define the mapping $R_\kappa \times H_\kappa \to H_\kappa$, $(\alpha_\kappa, x) \to \alpha_\kappa x$ by $\alpha_\kappa x = \psi_\kappa \alpha \psi_\kappa^{-1} x$. We can identify any element $\alpha \in R$ with $(\alpha_\kappa, \kappa \in Y)$. It is easy to show that H_κ is then a left R_κ-module. Since for any $\lambda, \mu, \nu \in Y$, $\lambda \geq \mu \geq \nu$, we must have $N_\lambda \subseteq N_\mu \subseteq N_\nu$ and $G_\lambda \subseteq G_\mu \subseteq G_\nu$, in which N_λ, N_μ, N_ν, G_λ, G_μ, G_ν are R-stable subgroups of G, we have $\Phi_{\mu,\nu} \Phi_{\lambda,\mu} = \Phi_{\lambda,\nu}$; by the definition of homomorphisms $\Phi_{\lambda,\mu}$, $\lambda, \mu \in Y$, $\lambda \geq \mu$, we know that for any $\kappa \in Y$, $\Phi_{\kappa,\kappa}$ is the identity mapping on H_κ ; hence, homomorphisms $\Phi_{\lambda,\mu}$, $\lambda, \mu \in Y$, $\lambda \geq \mu$ satisfy conditions (i) and (ii) of theorem 4. Moreover, since for any $\lambda, \mu \in Y$, $\lambda \geq \mu$, for any $\alpha \in R$ and any $x \in H_\lambda$ we have $\Phi_{\lambda,\mu}(\alpha x) = \alpha(\Phi_{\lambda,\mu} x)$, condition (iii) of theorem 4 must be satisfied. That S is a semilattice of left R-modules now follows from 4.

Conversely, suppose S is a semilattice Y of left R-modules H_κ, $\kappa \in Y$. We next consider the discrete direct sum of family $(R_s, s \in S)$ of left R-modules which are actually all equal to the left R-module R ; this discrete direct sum is again a left R-module, and will be denoted by $G = R^{(S)} = \bigoplus_{s \in S} R_s$. The projection of $R^{(S)}$ onto R_s will be denoted by pr_s for any $s \in S$. For any $\kappa \in Y$ we put $X_\kappa = \bigcup_{\tau \geq \kappa} H_\tau$, and $G_\kappa = \{ A \in R^{(S)} \| pr_s(A) = 0 \text{ for every } s \notin X_\kappa \}$. It is clear that G_κ is a R-stable subgroup of G for any $\kappa \in Y$, and the left R-module G_κ will then be isomorphic with the discrete sum of family

$(R_s, s \in X_\kappa)$. For any $\lambda, \mu \in Y$ we have $G_\lambda = G_\mu$ if and only if $X_\lambda = X_\mu$, and this happens if and only if $\lambda = \mu$; we have $G_\mu > G_\lambda$ if and only if $X_\mu \supset X_\lambda$, and this happens if and only if $\lambda > \mu$. From this we conclude that for any $\lambda, \mu \in Y$, and $\nu = \lambda \wedge \mu$ in Y, G_ν must be the unique smallest group of $(G_\kappa, \kappa \in Y)$ which contains both G_λ and G_μ.

For any $\kappa \in Y$ we define the following mapping $\Phi_\kappa : X_\kappa \longrightarrow H_\kappa$: for any $x \in X_\kappa$, $x \in H_\tau$, we have $\tau \geq \kappa$, and we put $\Phi_\kappa x = \Phi_{\tau,\kappa} x$, in which $\Phi_{\tau,\kappa}$ is the structure homomorphism $\Phi_{\tau,\kappa} : H_\tau \longrightarrow H_\kappa$, $x \longrightarrow xe_\kappa$ of S. Let e_s be the element of $R^{(S)}$ for which $pr_x(e_s) = 0$ for every $x \neq s$ and $pr_s(e_s) = 1$. For any $\kappa \in Y$, any element $A \in G_\kappa$ may be written in a unique way as $A = \sum_{s \in X_\kappa} \alpha_s e_s, \alpha_s \in R$, in which only a finite number of terms are different from zero. The mapping $\Psi_\kappa : G_\kappa \to H_\kappa$, $A = \sum_{s \in X_\kappa} \alpha_s e_s \longrightarrow \prod_{s \in X_\kappa} \alpha_s(\Phi_\kappa(s))$ is a R-linear mapping of G_κ onto H_κ. The kernel of this R-linear mapping is a R-stable subgroup N_κ of G_κ, and $H_\kappa \cong G_\kappa / N_\kappa$ [1]. Furthermore, for any $x \in H_\kappa$ and for any $\alpha \in R$ we have $\alpha x = (\Psi_\kappa \alpha \Psi_\kappa^{-1})x$.

If $\lambda, \mu \in Y$, $\lambda > \mu$, then we must have $N_\lambda \leq G_\lambda$, $N_\mu \leq G_\mu$ and $G_\lambda < G_\mu$; we proceed to show that $N_\lambda < N_\mu$. Let $A = \sum_{s \in X_\lambda} \alpha_s e_s \in N_\lambda \leq G_\lambda$, then $\prod_{s \in X_\lambda} \alpha_s (\Phi_\lambda s) = e_\lambda$, and since the structure homomorphisms of S are R-linear, we must have $\prod_{s \in X_\lambda} \alpha_s (\Phi_{\lambda,\mu} \Phi_\lambda(s)) = \Phi_{\lambda,\mu} e_\lambda = e_\mu$. By the definition of mappings Φ_κ, $\kappa \in Y$, we have $\Phi_{\lambda,\mu} \Phi_\lambda(s) = \Phi_\mu(s)$ for any $s \in X_\lambda$, and thus $\prod_{s \in X_\lambda} \alpha_s \Phi_\mu(s) = e_\mu$, hence $A \in N_\mu$. We have proved that $N_\lambda \leq N_\mu$; it is clear that $N_\lambda < N_\mu$ since $e_{e_\mu} \in N_\mu \setminus N_\lambda$. If λ and μ are not comparable in Y then $e_{e_\lambda} \in N_\lambda \setminus N_\mu$ and $e_{e_\mu} \in N_\mu \setminus N_\lambda$, hence N_λ and N_μ will not be comparable in the lattice of subgroups of $R^{(S)}$. We conclude that for any $\lambda, \mu \in Y$, and $\nu = \lambda \wedge \mu$ in Y, N_ν is the unique smallest subgroup of $(N_\kappa, \kappa \in Y)$ which contains N_λ and N_μ.

For any $\lambda, \mu \in Y$, $\lambda \geq \mu$, and any $x \in H_\lambda$ we have $\Psi_\mu \Psi_\lambda^{-1} x = \Psi_\mu (e_x + N_\lambda) = \Phi_\mu x = \Phi_{\lambda,\mu} x$, hence $\Phi_{\lambda,\mu} = \Psi_\mu \Psi_\lambda^{-1}$. This completes the proof of the theorem.

8. COROLLARY. Let S be a semilattice of left R-modules $H_\kappa, \kappa \in Y$. Then S is a lattice of left R-modules H_κ, $\kappa \in Y$, if and only if $(G_\kappa, \kappa \in Y)$ and $(N_\kappa, \kappa \in Y)$ satisfy the supplementary condition

(iii) For any $\lambda, \mu \in Y$ there exists a $\nu \in Y$ such that G_ν is the unique greatest group of $(G_\kappa, \kappa \in Y)$ contained in both G_λ and G_μ, and N_ν is the unique greatest group of $(N_\kappa, \kappa \in Y)$ contained in both N_λ and N_μ.

9. EXAMPLES OF LATTICES OF LEFT MODULES

9.1. Let V be an n-dimensional vector space over field F, and $A : V \longrightarrow V$

a linear mapping. We suppose that $V_1,\dots,V_m$ are the minimal invariant subspaces for $A : V = V_1 \oplus \dots \oplus V_m$, $A(V_i) \subseteq V_i$, $i = 1,\dots,m$. Let R be the subring of $\mathrm{Hom}(V,V)$ generated by A and the identity mapping I : then V is a left R-module. Let $X = \{1,\dots,m\}$ and Y the lattice of all subsets of X. For any $\kappa \in Y$, let $V_\kappa = \bigoplus_{j \in \kappa} V_j$; for any $\kappa \in Y$, $|\kappa| = k$, the mapping $V_\kappa \longrightarrow A^k(V_\kappa)$, $x \longrightarrow A^k(x)$ is R-linear ; N_κ, the kernel of this mapping is a R-stable subgroup of V_κ, and for any $\lambda, \mu \in Y$, $\lambda \subseteq \mu$, we have $N_\lambda \leq N_\mu$. We now consider family $(H_\kappa, \kappa \in Y)$ of pairwise disjoint multiplicative groups H_κ, such that for any $\kappa \in Y$, $H_\kappa \cong V_\kappa/N_\kappa \cong A^k(V_\kappa)$; let ψ_{κ_1} be a homomorphism with kernel N_κ of V_κ onto H_κ. We put $\Phi_{\lambda,\mu} = \psi_\mu \psi_\lambda^{-1}$ for any $\lambda, \mu \in Y$, $\lambda \subseteq \mu$. In $S = \bigcup_{\kappa \in Y} H_\kappa$ we define multiplication as follows : for any $v, w \in S$, $v \in H_\lambda$, $w \in H_\mu$ we put $vw = \Phi_{\lambda,\lambda\cup\mu}(v)\, \Phi_{\mu,\lambda\cup\mu}(w)$. We define a mapping $R \times S \longrightarrow S$, $(B,s) \longrightarrow Bs$ as follows : for any $s \in S$, $s \in H_\kappa$, and any $B \in R$ we put $Bs = \psi_\kappa B \psi_\kappa^{-1}(s)$. The so defined structure S then becomes a lattice of left R-modules.

9.2. Let Y be the set of all positive integers, and $(H_\kappa, \kappa \in Y)$ a family of pairwise disjoint groups H_κ, such that for any $\kappa \in Y$, κ is a cyclic group of order κ generated by an element c_κ. For any $\lambda, \mu \in Y$, let (λ,μ) be the greatest common divisor of λ and μ. We define a multiplication in $S = \bigcup_{\kappa \in Y} H_\kappa$ as follows : for any $\lambda, \mu \in Y$, and any $m,n \geq 0$ we put $c_\lambda^m c_\mu^n = c_{(\lambda,\mu)}^{m+n}$. We define a mapping $\mathbb{Z} \times S \longrightarrow S$ as follows : for any $k \in \mathbb{Z}$ and any $c_\kappa^m \in S$, $m \geq 0$, $\kappa \in Y$, we put $kc_\kappa^m = c_\kappa^{km}$. S then becomes a lattice of left modules.

10. THEOREM. Let S be a lattice Y of left R-modules H_κ, $\kappa \in Y$. Let Y' be the dual of Y, and for any $\kappa \in Y$ let H'_κ be the right R-module which is the dual of left R-module H_κ. There exists a lattice Y' of right R-modules H'_κ in which every structure homomorphism is the transpose of the corresponding structure homomorphism in S, i.e. for any $\lambda, \mu \in Y$, $\lambda \geq \mu$ in Y ($\lambda \leq \mu$ in Y'), the structure homomorphism $\Phi'_{\mu,\lambda}$ of the lattice of right modules satisfies the following condition : for any $A \in H'_\mu$ and any $x \in H_\lambda$ we have $(\Phi'_{\mu,\lambda} A)\, x = A\, (\Phi_{\lambda,\mu} x)$.

PROOF. We use the same notations as in the second part of the proof of 7. We consider the dual G' of left R-module G. For any $\kappa \in Y'$, let G'_κ be the subgroup of G' consisting of all linear functions on G that map N_κ onto 0. For any $\kappa \in Y'$ G'_κ is the submodule of G' which is orthogonal with N_κ, hence the groups $(G'_\kappa, \kappa \in Y')$ are R-stable subgroups of G'. If λ, $\mu \in Y'$ and $\lambda \leq \mu$ in Y', then $\lambda \geq \mu$ in Y, and $N_\lambda \leq N_\mu$, hence $G'_\mu \leq G'_\lambda$;

if $\lambda < \mu$ in Y', then $\lambda > \mu$ in Y and $e_{e_\mu} \in N_\mu \setminus N_\lambda$, hence the element $A_1' \in G'$ defined by

$$A_1'(\sum_{s\in S} \alpha_s e_s) = \alpha_{e_\mu} \quad \text{for any } \sum_{s\in S} \alpha_s e_s \in G,$$

belongs to $G_\lambda' \setminus G_\mu'$; we conclude that in this case $G_\mu' < G_\lambda'$; if λ and μ are not comparable in semilattice Y', then λ and μ are not comparable in Y, hence $e_{e_\mu} \in N_\mu \setminus N_\lambda$ and $e_{e_\lambda} \in N_\lambda \setminus N_\mu$; in this case $A_1' \in G_\lambda' \setminus G_\mu'$ and the linear function $A_2' \in G'$ defined by

$$A_2'(\sum_{s\in S} \alpha_s e_s) = \alpha_{e_\lambda} \quad \text{for any } \sum_{s\in S} \alpha_s e_s \in G,$$

belongs to $G_\mu' \setminus G_\lambda'$; we conclude that G_λ' and G_μ' are then not comparable in the lattice of subgroups of G'. The foregoing implies that for any λ, $\mu \in Y'$, and $\nu = \lambda \wedge \mu$ in Y' ($\nu = \lambda \vee \mu$ in Y), G_ν' is the unique smallest group of $(G_\kappa', \kappa \in Y')$ which contains both G_λ' and G_μ'.

For any $\kappa \in Y'$ the restriction to G_κ of a linear function on G is a linear function on G_κ; the mapping ψ_κ' of G_κ' in the submodule of the dual of G_κ that is orthogonal with N_κ, mapping each element of G_κ' into its restriction to G_κ, is a R-linear mapping ; the kernel N_κ' of ψ_κ' is a R-stable subgroup of G_κ'. Let A^* be any element of the submodule of the dual of G_κ that is orthogonal with N_κ, then define $A' \in G_\kappa'$ as follows : for any $\sum_{s\in S} \alpha_s e_s \in G$ put

$$A'(\sum_{s\in S} \alpha_s e_s) = A^*(\sum_{s\in X_\kappa} \alpha_s e_s) ;$$

A^* is the restriction to G_κ of A', or, $A^* = \psi_\kappa' A'$, hence ψ_κ' is surjective. Since H_κ is the homomorphic image of G_κ by the R-linear mapping ψ_κ with kernel N_κ, H_κ' will be isomorphic by the transpose ${}^t\psi_\kappa$ of ψ_κ with the submodule of the dual of G_κ that is orthogonal with N_κ. We conclude that $({}^t\psi_\kappa)^{-1} \psi_\kappa'$ is a R-linear mapping with kernel N_κ' of G_κ' onto H_κ'.

For any λ, $\mu \in Y'$, and $\lambda \leq \mu$ in Y' we have in any case $G_\lambda' \geq G_\mu'$, $N_\lambda' \leq G_\lambda'$, $N_\mu' \leq G_\mu'$; we want to show that $N_\lambda' \geq N_\mu'$. If $A' \in N_\mu'$, then $A' \in G_\lambda'$, and for any $\sum_{s\in X_\mu} \alpha_s e_s \in G_\mu$ we have $A'(\sum_{s\in X_\mu} \alpha_s e_s) = 0$; since $X_\mu \supseteq X_\lambda$ we have $A'(\sum_{s\in X_\lambda} \alpha_s e_s) = 0$ for any $\sum_{s\in X_\lambda} \alpha_s e_s \in G_\lambda$, hence $A' \in N_\lambda'$, and we conclude $N_\lambda' \geq N_\mu'$. If λ, $\mu \in Y'$ and $\lambda < \mu$ in Y', then the above mentioned A_1' belongs to $N_\lambda' \setminus N_\mu'$, and in this case we have $N_\lambda' > N_\mu'$. If λ and μ are not comparable in Y', then $A_1' \in N_\lambda' \setminus N_\mu'$ and $A_2' \in N_\mu' \setminus N_\lambda'$, hence N_λ' and N_μ' will not be comparable in the lattice of subgroups of G'. Consequently, for any $\lambda, \mu \in Y$, and $\lambda \wedge \mu = \nu$ in Y' ($\lambda \vee \mu = \nu$ in Y), N_ν' is the unique smallest group of $(N_\kappa', \kappa \in Y)$ which contains N_λ' and N_μ'.

Let $S' = \bigcup_{\kappa \in Y} H'_\kappa$. Following the procedure described in 7 we can prove that S' is a semilattice Y' of right R-modules H'_κ, $\kappa \in Y$, satisfying the conditions of the theorem.

REFERENCES

[1] BOURBAKI, N., Eléments de Mathématiques, Fascicule VI, Chapitre 2, Paris (1967).

[2] CLIFFORD, A.H., and PRESTON, G.B., The Algebraic Theory of Semigroups, Vol. 1, Mathematical Surveys of the American Mathematical Society, Providence (1961).

[3] FIRSOV, J.M., Everywhere defined semimodules, (Russian), Summaries of talks of the All-Union Algebraic Symposium, Gomel (1975), 360-361.

[4] WUYTACK, F., and DEPUNT, J., Operators over I-collections of modules, Bulletin de la Societé Mathématique de Belgique, Tome XVII, Fascicule 1, (1965), 37-54.

REYNAERTS Huguette
Seminarie voor Wiskunde
Toegepast in de Economie
Universiteitstraat 8
B-9000 GENT
Belgium

PASTIJN Francis
Seminarie voor Hogere Meetkunde
Krijgslaan 271
Gebouw S.9.
B-9000 GENT
Belgium

Manuscrit reçu le 27 Mai 1976

LA REPRESENTATION ERGODIQUE DES CODES BIPREFIXES

D. PERRIN

Les codes bipréfixes, dont la définition est rappelée plus bas, sont les parties du monoïde libre qui sont la généralisation naturelle des bases du noyau d'un homomorphisme sur un groupe fini ; ils sont, eux aussi, associés à un groupe qu'on nomme groupe du code et qui n'est, en particulier, trivial, que si le code bipréfixe se réduit à l'alphabet. Ce groupe est naturellement représenté comme un groupe de permutations (comme d'ailleurs, dans le cas plus général des codes préfixes [6]) et son degré est, par définition, le degré du code bipréfixe.

Si l'on sait assez peu de choses des codes bipréfixes infinis, on possède un assez grand nombre de résultats sur ceux qui sont finis ; tout d'abord il n'en existe qu'un nombre fini de degré donné [7] et un algorithme assez simple, opérant par transformations successives, permet de tous les obtenir, pour un degré fixé [1]. Par ailleurs, nous avons montré que les groupes de permutations qui leur sont associés possèdent de remarquables propriétés : la plus saillante est le fait, qu'hormis certaines exceptions, le groupe associé à un code bipréfixe fini est deux fois transitif [4].

La démonstration de ce type de résultat nécessite une construction alternative à celle que nous avons évoquée ci-dessus, qui mette directement en relation le code bipréfixe et son groupe de permutations, et le but de cet exposé est de décrire cette construction.

Nous rappelons d'abord la définition et les propriétés des codes bipréfixes nécessaires pour ce qui suit ; on verra en particulier que le monoïde syntaxique du sous-monoïde C^* engendré par un code bipréfixe fini C est une extension nilpotente de son idéal minimal, dont le groupe de structure est, par définition, le groupe de C, noté $G(C)$.

On nomme représentation ergodique d'un code bipréfixe C la représentation de Schützenberger du monoïde syntaxique de C^* sur son idéal minimal. Il s'agit d'une représentation fidèle de ce monoïde et le code est entièrement déterminé par sa donnée.

Nous verrons alors comment on peut caractériser et construire la représentation ergodique d'un code bipréfixe C dont le monoïde syntaxique est extension nilpotente de son idéal minimal ; et nous établirons ensuite des conditions nécessaires pour que le code bipréfixe obtenu soit fini. Celles-ci nous ont permis de démontrer un grand nombre de propriétés des groupes des codes bipréfixes finis.

On n'obtiendra de conditions suffisantes que dans le cas des représentations de faible dimension, mais nous verrons par des exemples comment on peut ainsi construire des codes bipréfixes finis associés à des groupes remarquables.

Nous n'avons pas fait figurer ici les preuves des propriétés énoncées et on pourra se reporter à [4].

I - Codes Bipréfixes

Nous donnons ici brièvement des définitions et des propriétés dont on pourra trouver un exposé plus détaillé en [4].

1. Définition

Un Code bipréfixe est une partie C du monoïde libre A^* qui vérifie les deux conditions suivantes :

1°) C ne contient aucun facteur gauche ou droit d'un de ses éléments ;

2°) C est maximal pour cette propriété.

Remarquons que si C est un code bipréfixe, il en est de même de l'ensemble noté $\tilde{C}$ des "images miroir" $f = x_n \dots x_2 x_1$, des mots $f = x_1 x_2 \dots x_n$ de C.

Le sous-monoïde engendré par un code bipréfixe C est évidemment isomorphe au monoïde libre sur l'ensemble C. De plus, ces sous-monoïdes sont caractérisés ainsi dans le cas où ils sont rationnels (et donc en particulier quand ils sont finiment engendrés) :

Proposition [7]. Un sous-monoïde rationnel P de A* est engendré par un code bipréfixe si, et seulement si :

a) $\forall u, v \in A^*$ $(u, uv \in P) \Longrightarrow (v \in P)$ et $(v, uv) \in P \Longrightarrow (u \in P)$,

b) tout mot de A* a une puissance dans P.

On trouvera en [3] une preuve que la condition a) équivaut à la condition 1°) ci-dessus et que la condition 2°) équivaut alors à l'hypothèse que P rencontre tous les idéaux bilatères ([3] p. 94).

Exemple : Soit G un groupe fini, H un sous groupe de G, et φ un homomorphisme de A* sur G ; l'image réciproque $P = \varphi^{-1}(H)$ de H est engendrée par un code bipréfixe ; on démontre [7] que le seul cas où ce code soit fini correspond à $G = \mathbb{Z}/n$, H=1, le code étant le code homogène de longueur n constitué de tous les mots de longueur n.

2. La construction des codes bipréfixes finis

On notera $\underline{L}$ le polynôme caractéristique d'une partie finie L de A* ; $\underline{L}$ est un élément de l'algèbre libre $\mathbb{Z}\langle A \rangle$.

Soit C un code bipréfixe sur A ; on dira qu'un mot $f \in A^*$ est bon pour C si l'ensemble des mots de C dont il est facteur gauche, et celui des mots de C dont il est facteur droit, sont deux ensembles non vides et disjoints.

Soit alors f un bon mot pour C , et soient G , D les ensembles :

$$G = \{g \in A^* \; ; \; gf \in C\} \; ; \quad D = \{d \in A^* \; ; \; fd \in C\} \; .$$

L'ensemble B défini par l'égalité : $\underline{B} = \underline{C} + (1-\underline{G})\, f(1-\underline{D})$ est un code bipréfixe ; on dit que B dérive de C relativement au bon mot f .

<u>Théorème</u> 1 - <u>Tout code bipréfixe fini peut être obtenu par dérivations successives à partir d'un code homogène</u>.

On nommera <u>degré</u> d'un code bipréfixe la longueur du code homogène dont il dérive. On voit aisément que le degré d'un code bipréfixe C est l'entier n tel que $x^n \in A$, pour tout $x \in A$.

On sait (cf.[7]) que <u>le nombre de codes bipréfixes finis de degré donné</u> n <u>est fini</u> ; notons $B(n)$ ce nombre, et examinons à titre d'exemple les cas $n = 2,3,4$ sur un alphabet $A = \{x,y\}$ à deux éléments

a) $B(2) = 1$: le seul code bipréfixe fini de degré 2 est A^2 ;

b) $B(3) = 3$: le code homogène de longueur 3 admet deux bons mots : xy et yx . Les deux dérivés de A^3 relativement à ces mots sont image-miroir l'un de l'autre puisque $\widetilde{xy} = yx$ (ils sont aussi échangés par l'automorphisme de A^* qui échange x et y).

Le dérivé de A^3 relativement à xy , par exemple, peut être représenté graphiquement ainsi :

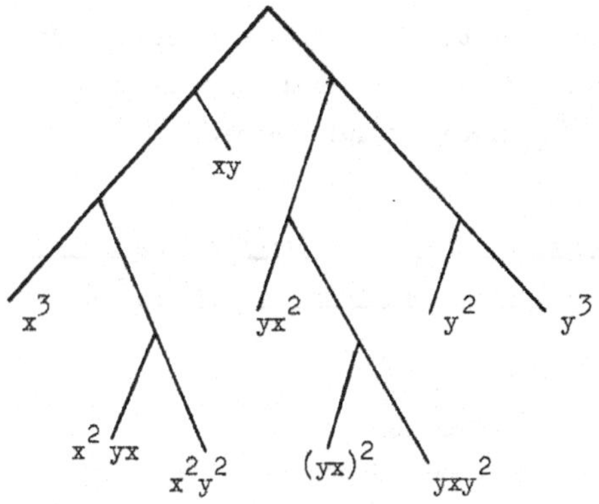

Ce code n'admet aucun bon mot, et il n'y a donc que trois codes bipréfixes finis de degré 3 sur un alphabet à deux lettres.

c) $B(4) = 73$.

II - Le monoïde syntaxique et le groupe d'un code bipréfixe

1. Monoïde syntaxique

On notera $M(C^*)$ le monoïde syntaxique du sous-monoïde engendré par un code bipréfixe C (cf.[3]) ; on sait que celui-ci est fidèlement représenté comme un monoïde d'applications, qui sont les transitions de l'automate minimal reconnaissant C^* . On note 1 son état initial et on a alors :

$$C^* = \{ f \in A^* / 1.f = 1 \}$$

Le résultat suivant est fondamental :

Théorème[7]- Soit C un code bipréfixe fini ; le monoïde syntaxique de C^* ne possède pas d'idempotent autre que 1 hors de son idéal minimal et son groupe des unités est trivial.

Il est équivalent de dire qu'il existe un entier d tel que $(M \setminus \{1\})^d = J$, où J désigne l'idéal minimal de M . On nomme profondeur de M le plus petit de ces entiers.

2. Le groupe $G(C)$

Soit C un code bipréfixe fini ; l'idéal minimal J de $M(C^*)$ est une union de groupes de permutations tous équivalents et on désigne par $G(C)$, nommé groupe de C , cette classe d'équivalence.

Proposition : Le groupe d'un code bipréfixe fini de degré n est un groupe transitif de degré n contenant un cycle de longueur n .

3. La représentation ergodique

Nous nommons représentation ergodique associée à un code bipréfixe C la représentation de Schützenberger (à gauche) du monoïde syntaxique $M(C^*)$ sur son idéal minimal [2]. C'est donc une représentation de $M(C^*)$ (ou par extension de A^*) par des matrices à éléments dans $G(C) \cup \{0\}$.

On vérifie facilement (cf.[8]) qu'il s'agit d'une représentation fidèle de $M(C^*)$. On notera G_1 le fixateur du point 1 dans la représentation de permutations de $G(C)$; on a alors la proposition suivante

<u>Proposition</u> : <u>Soit</u> ν <u>la représentation ergodique associée à un code bipréfixe fini</u> C

1) <u>Pour tout</u> $f \in A^*$, <u>tous les éléments de la matrice</u> νf <u>sont dans la même classe à gauche suivant</u> G_1 ;

2) C^* <u>est l'ensemble des mots</u> c <u>tels que</u> νc <u>ait tous ses éléments dans</u> $G_1 \cup \{0\}$.

Soit C un code bipréfixe fini de degré n et $x \in A$ une lettre fixée. Alors l'image de x^n dans $M(C^*)$ est un idempotent (cf.[4]) et nous dirons que la représentation ergodique est <u>construite sur la lettre</u> x si les éléments des matrices νf appartiennent au sous-groupe maximal de $M(C^*)$ contenant l'image de x^n. On écrira alors $G(C)$ comme un groupe de permutations sur l'ensemble $[n] = \{1,2,\dots,n\}$ en identifiant le nombre i à l'état $1.x^{i-1}$ de l'automate minimal reconnaissant C^*.

<u>La matrice</u> νx <u>aura alors tous ses éléments non nuls égaux à la permutation</u> $\alpha = (12\dots n)$.

<u>Exemple</u> : Le code bipréfixe de degré 3 figuré ci-dessus a pour représentation ergodique construite sur la lettre x :

$$\nu x = \begin{bmatrix} (123) & (123) \\ 0 & 0 \end{bmatrix} \qquad \nu y = \begin{bmatrix} 0 & 0 \\ (12) & (132) \end{bmatrix}$$

III - <u>La construction des codes bipréfixes par leur représentation ergodique</u>

Nous établissons ici des conditions nécessaires et suffisantes pour qu'une représentation matricielle soit la représentation ergodique d'un code bipréfixe dont le monoïde syntaxique est de profondeur finie. On en déduira une construction de ces derniers.

1. Les B-représentations

Soit B une partie finie de A^* ne contenant aucun facteur gauche d'un de ses éléments et vérifiant de plus : $A^*B \subset BA^*$.

Il suffit pour se donner un tel B de choisir une partie finie F dans A^* et de prendre pour B la base, en tant qu'idéal à droite, de $A^* \setminus F$.

Nous dirons qu'une représentation β de A^* par des matrices $B \times B$ à éléments dans un anneau est une B-représentation si pour tout $f \in A^*$, on a :

$$\forall b, c \in B , \ (\beta f)_{b,c} \neq 0 \Longleftrightarrow fc \in bA^*$$

Une telle représentation est monômiale en colonnes et on notera $(\beta f)_b$ l'unique élément non nul de la colonne $b \in B$.

Soit C un code bipréfixe et B la base de l'idéal à droite de A^* qui est l'image réciproque de l'idéal minimal J de $M(C^*)$:

$$BA^* = \varphi^{-1}(J) .$$

Notons β la B-représentation définie par :

$$(\beta f)_b = (\nu f)_{bM}$$

où ν désigne la représentation ergodique et $M = M(C^*)$.

Proposition : ν est la représentation obtenue en faisant le quotient de B par l'équivalence :

$$b \sim c \Longleftrightarrow \{\forall f \in A^* , \ (\beta f)_b = (\beta f)_c \Longleftrightarrow \varphi bM = \varphi cM \}$$

Nous nommons β représentation A-ergodique associée au code biprefixe C .

Si la représentation ergodique est construite sur la lettre x , on obtient les transitions de l'automate minimal reconnaissant C^* en utilisant la règle suivante :

$$\boxed{i.fb = i(\beta f)_b.b}$$

où, comme précédemment, i désigne l'état $1.x^{i-1}$, $1 \leq i \leq n$.

2. Représentations coordonnées : Nous dirons qu'une matrice à éléments dans $S_n \cup \{0\}$ est coordonnée si tous ses éléments non nuls sont dans la même classe à gauche relativement au sous-groupe de S_n fixant le point 1 ; on dira alors qu'une représentation μ de A^* par des matrices à éléments dans $S_n \cup \{0\}$ est coordonnée s'il en est de même de toutes les matrices μf , pour $f \in A^*$.

On trouvera en [7] une caractérisation des représentations coordonnées monômiales ; celle-ci fait intervenir la matrice "sandwitch" de l'idéal minimal. La proposition suivante donne, par contre, une méthode directe de construction des B-représentations coordonnées :

Proposition : Une B-représentation μ de A^* est coordonnée si toutes les matrices $\mu(ap)$ sont coordonnées, pour toute lettre $a \in A$ et tout facteur gauche p d'un mot de B .

3. La construction : le résultat suivant donne une construction de tous les codes bipréfixes dont le monoïde syntaxique a une profondeur finie.

Théorème. Soit β une B-représentation coordonnée de A^* telle que pour une lettre $x \in A$, la matrice βx ait tous ses éléments non nuls égaux entre eux. Alors l'ensemble des mots c de A^* tels que les éléments de βc fixent 1 est un sous-monoïde engendré par un code bipréfixe. La représentation ergodique de C est la représentation induite par β sur le quotient de B par l'équivalence :

$$b \sim c \iff \forall f \in A^* , \ (\beta f)_b = (\beta f)_c$$

En particulier, le groupe $G(C)$ est engendré par les éléments non nuls des matrices βx , pour $x \in A$.

Remarques :

a) l'hypothèse faite sur la matrice βx revient à supposer que la représentation ergodique est construite sur la lettre x . Dans le cas des monoïdes qui ne sont pas de profondeur finie, on ne peut faire cette hypothèse et il faut la remplacer par une autre, sensiblement plus compliquée, pour s'assurer que le groupe $G(C)$ n'est pas un sous-groupe propre du groupe engendré par les éléments des matrices βx ;

b) la représentation β du théorème n'est la représentation A-ergodique de C que si l'on suppose qu'elle est <u>réduite</u>, c'est-à-dire que pour tout facteur gauche p d'un mot de B , il existe $u,s,t \in A^*$ avec $ups, upt \in B$ et une lettre $a \in A$ tels que :

$$(\beta a)_{ups} \neq (\beta a)_{upt}$$

IV - <u>Le cas des codes finis</u>

Nous étudions maintenant les conditions qu'il faut imposer à la représentation A-ergodique pour que le code obtenu soit fini.

Soit donc C un code bipréfixe <u>fini</u> qu'on supposera à partir de maintenant être sur un alphabet $A = \{x,y\}$ à deux lettres ; cela simplifie considérablement les notations. On désignera par π la représentation A-ergodique associée à C construite sur la lettre x et on notera k l'entier tel que $x^k \in B$ (on a vu que $k \leq n$).

La matrice πx a alors tous ses éléments non nuls égaux à la permutation $\alpha = (12\ldots n)$. Nous examinons maintenant les éléments de la matrice πy .

Posons, pour un quelconque $b \in B$; $b = hx^r$, avec $0 \leq r \leq k$.

<u>Proposition</u> 1. <u>Pour tout entier</u> $i \in [n]$ <u>tel que</u> $x^{i-1}h \notin CA^*$

<u>On a</u>

$$i(\pi y)_b \, (\pi h)_{x^k} \geq i-k+1$$

<u>En particulier, pour tout</u> $i \in [n]$ <u>tel que</u> $i(\pi y)_{x^k} \neq 1$, <u>on a</u> :

$$i(\pi y)_{x^k} \geq i-k+1$$

Notons maintenant ℓ l'entier tel que $y^\ell \in B$; la preuve de la propriété suivante est sensiblement plus compliquée que celle de la précédente.

<u>Proposition</u> 2 - <u>La permutation</u> $\sigma = (\pi . y)_{y^\ell}$ <u>est un cycle de longueur</u> n <u>qui vérifie les inégalités</u> : $\forall i \in [n]$, $1 \sigma^{i} \leq i+k+\ell$.

On déduit de ces résultats la caractérisation complète des codes bipréfixes finis que nous nommons <u>élémentaires</u>, c'est-à-dire dont le monoïde syntaxique se réduit à son unité et son idéal minimal et dont la représentation ergodique a donc la forme suivante :

$$\pi x = \begin{bmatrix} \alpha & \alpha \\ 0 & 0 \end{bmatrix} \quad ; \quad \pi y = \begin{bmatrix} 0 & 0 \\ \beta & \gamma \end{bmatrix} \qquad \alpha, \beta, \gamma \in S_n \ ; \ 1\beta^{-1} = 1\gamma^{-1} .$$

<u>Théorème</u> : <u>Le code bipréfixe dont</u> π <u>est la représentation ergodique est fini si et seulement si</u> :

1°) α <u>est un cycle de longueur</u> n (<u>on peut supposer que</u> $\alpha = (12\ldots n)$) ;

2°) β <u>est un cycle de longueur</u> r <u>de la forme</u> : $\beta = (i_1 i_2 \ldots i_r)$
<u>avec</u> : $1 = i_1 < i_2 < \ldots < i_r$;

3°) γ <u>est un cycle de longueur</u> n <u>conjugué de</u> α <u>par une permutation</u> τ <u>qui est un produit de cycles disjoints de la forme</u> : $(k, k+1, \ldots, k+m)$
<u>avec</u> : $k \neq 1$, $k\beta \geq k+m$, $(k+p)\beta = k+p$, <u>pour</u> $p = 1, 2, \ldots, m$.

Le fait que les conditions 2°) et 3°) soient nécessaires est une reformulation des propositions 1 et 2 respectivement, avec $k = \ell = 1$.

V - <u>Exemples</u>

1. <u>Groupes symétriques et alternés</u> : en choisissant, avec les notations du théorème précédent, $\beta = (1.n)$ et $\gamma = \alpha$, on obtient un code bipréfixe fini de degré n dont le groupe est le groupe symétrique. Pour tout n impair, le choix de $\beta = (1.n-1.n)$ et $\gamma = \alpha$ donne un code bipréfixe fini dont le groupe est le groupe alterné A_n ; ainsi pour $n=5$, on obtient le code suivant :

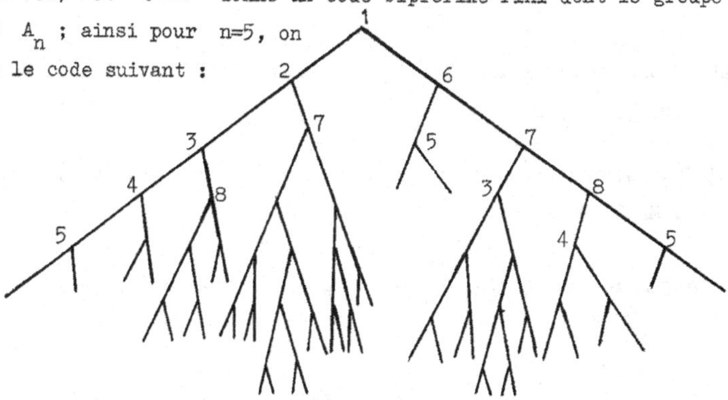

2. Le groupe PGL (2,5) :

On démontre qu'il existe, en degré 6, six codes bipréfixes finis élémentaires dont le groupe est équivalent au groupe PGL(2,5), qui est une représentation sur 6 points du groupe S_5 ([4]).

L'un de ces six codes est obtenu en choisissant $\beta = (1356)$ et $\gamma = (132546)$.

3. Codes de degré 7

On démontre que tout code bipréfixe fini de degré 7 qui est élémentaire a un groupe équivalent à A_7 ou S_7 ; par contre, on obtient des codes finis dont le groupe est GL(3,2), le groupe simple d'ordre 168, comme dans l'exemple suivant :

$$\pi x = \begin{bmatrix} \alpha & \alpha & 0 \\ 0 & 0 & \alpha \\ 0 & 0 & 0 \end{bmatrix} \qquad \pi y = \begin{bmatrix} 0 & 0 & 0 \\ 0 & 0 & 0 \\ \beta & \gamma & \delta \end{bmatrix}$$

avec $\alpha = (1234567)$; $\beta = (1236)(45)$; $\gamma = (146)(235)$; $\delta = (1254376)$

Le code bipréfixe obtenu peut être décrit ainsi : notons, pour un mot $f \in A^*$,

$$F_f = \{ g \in A^* \mid fg \in C \} \quad ; \text{ on a alors :}$$

$$F_x \, i\alpha^{-1}{}_y = F_y \, i\beta^{-1} \quad ; \quad F_y \, i_x 2 = F_x \, i+2 \quad ; \quad F_y \, i_{xy} = F_y \, i+2$$

pour chaque entier $i \in [7]$.

REFERENCES

[1] Y. CESARI - Sur un algorithme donnant les codes bipréfixes finis, Mat. Syst. Theory, 6,3, 1972, 221-225.

[2] A.H. CLIFFORD, G.B. PRESTON - The Algebraic Theory of Semigroups, Vol.1, Amer. Math. Soc, 1961.

[3] S. EILENBERG - Automata, Languages and Machines, Vol. A, Academic Press (1974)

[4] D. PERRIN - Codes Bipréfixes et Groupes de Permutations, Thèse, Paris (1975)

[5] D. PERRIN - La Transitivité du groupe d'un Code bipréfixe fini, (à paraître dans Math. Zeitschrift).

[6] J.F. PERROT - Groupes de permutations associés aux codes préfixes finis, in Permutations, Gauthier-Villars, Paris, 1972.

[7] M.P. SCHUTZENBERGER - On a special class of recurrent events, Annals of Math. Stat, 32, 1961, 1201-1213.

[8] M.P. SCHUTZENBERGER - On a family of submonoids, Publ. Math. Inst. Hungarian. Acad. Sci. VI, A, 3, 1961.

Manuscrit reçu le 29 Mai 1976

SUR LES GROUPES INFINIS,

CONSIDERES COMME MONOIDES SYNTAXIQUES DE LANGAGES FORMELS

J. SAKAROVITCH

Nous présentons ici un ensemble de résultats qui relèvent à la fois de la théorie des langages formels et de la théorie des groupes. La plupart de ces résultats sont dus à Anisimov [1],[2],[3] et à Seifert [3]; nous les avons mis en forme à l'aide des notions usuelles de la théorie des langages.

Classiquement, on appelle langage formel, ou plus simplement langage, toute partie d'un monoïde libre de base finie, souvent nommée alphabet. Au langage L, partie de X^*, on fait correspondre le monoïde noté $\mathcal{M}(L)$, quotient de X^* par la congruence la plus grossière telle que L est une partie saturée. $\mathcal{M}(L)$ est appelé le monoïde syntaxique de L.

La considération du monoïde syntaxique d'un langage remonte aux travaux de M.P. Schützenberger sur la théorie du codage [19] dans le but d'exprimer algébriquement, sur la structure du monoïde $\mathcal{M}(L)$, certaines propriétés apparemment combinatoires du langage L. L'étude des monoïdes syntaxiques s'est poursuivie, tant pour l'étude des codes ([13],[14]), que pour celle des langages rationnels (on trouvera un ensemble assez complet de références sur ce sujet en [18]). L'étude des monoïdes syntaxiques de langages non-rationnels -c'est-à-dire de monoïdes syntaxiques infinis est beaucoup plus récente ([15],[16], [18]).

Nous nous plaçons ici sous l'hypothèse générale que le monoïde $\mathcal{M}(L)$

est un groupe. Notre propos est alors double :

Dans une première partie -intitulée "Des groupes aux langages"- nous étudions ce que cette hypothèse implique sur le langage L. Plus précisément nous nous intéressons aux relations entre deux langages qui admettent le même groupe comme monoïde syntaxique et nous montrons qu'aux parties finies d'un groupe résiduellement fini correspondent des langages qui sont tous "équivalents".

Dans la deuxième partie -"Des langages aux groupes" -nous supposons de plus que le langage L est context-free et nous montrons alors certaines propriétés pour le groupe $\mathcal{M}(L)$. Cette hypothèse sur L est amenée naturellement par la fait que $\mathcal{M}(L)$ est un groupe : en effet le groupe libre à n générateurs, F_n, est le monoïde syntaxique du langage context free D_n^*, dit langage de Dyck sur n lettres, dont le rôle central dans la théorie des langages context-free est donné par le théorème de Chomsky- Schützenberger (cf [7] par exemple). Ainsi sont liés des éléments "génériques" de la famille des groupes et de celle des langages context-free.

L'essentiel de cette partie est d'ailleurs constituée par une démonstration du théorème de Howson pour le groupe libre, fondée sur ce lien et due à Anisimov et Seifert [3].

En préliminaire à ces deux parties nous rappelons brièvement les définitions et résultats classiques de la théorie des langages que nous utiliserons par la suite.

I. QUELQUES NOTIONS USUELLES DE LA THEORIE DES LANGAGES

Nous donnons ici un ensemble minimal de définitions et de résultats pour l'exposé qui va suivre. La notions sous-jacente importante, dont nous n'utiliserons pas toute la puissance et que nous ne définirons donc pas, est celle de <u>transduction rationnelle</u> ([12]). Le lecteur trouvera un exposé plus complet de toutes ces notions soit dans le traité d'Eilenberg [6], soit dans le <u>Memento sur les transductions rationnelles</u> de Berstel [5].

1.1. Parties rationnelles

Si M est un monoïde, $\mathcal{P}(M)$ l'ensemble des parties de M, est muni canoniquement d'une structure de monoïde. Un homomorphisme d'un monoïde M dans un monoïde N s'étend canoniquement en un homomorphisme de $\mathcal{P}(M)$ dans $\mathcal{P}(N)$.

<u>Définition 1</u> : L'ensemble des <u>parties rationnelles</u> d'un monoïde M, Rat(M), est plus petit sous ensemble de $\mathcal{P}(M)$ qui

i) contient les parties finies
ii) est fermé par a) union
b) produit
c) passage au sous-monoïde engendré.

Lemme 1 Si $\varphi : M \longrightarrow N$ est un homomorphisme surjectif du monoïde M sur le monoïde N on a :

$$\varphi(\mathrm{Rat}(M)) = \mathrm{Rat}(N)$$

1.2. Parties reconnaissables

Définition 2 : On dit qu'une partie d'un monoïde est reconnaissable si elle est saturée par une congruence d'index fini. On note Rec(M) la famille des parties reconnaissable du monoïde M.

Dans le cas particulier où M est un monoïde libre finiment engendré X^* on a $\mathrm{Rec}(X^*) = \mathrm{Rat}(X^*)$.
Cette égalité constitue le Théorème de Kleene dont un énoncé équivalent plus connu est : Un langage est rationnel si et seulement si son monoïde syntaxique est fini.

Si le monoïde M n'est pas libre on n'a pas en général $\mathrm{Rec}(M) = \mathrm{Rat}(M)$. Ainsi, si G est un groupe infini et 1 son élément neutre, on a $1 \in \mathrm{Rat}(G)$ et $1 \notin \mathrm{Rec}(G)$ puisque la seule congruence pour laquelle 1 est une partie saturée est l'identité, qui n'est pas d'index fini puisque G est infini.

Lemme 2 Si M est un monoïde engendré,
on a $\mathrm{Rec}(M) \subset \mathrm{Rat}(M)$.

Remarque 1 : Le monoïde syntaxique d'un langage est toujours finiment engendré puisqu'il est le quotient d'un monoïde libre de base finie.

1.3. Quotient de deux parties.

Définition 3 : Soient A et P deux parties d'un monoïde M.
On appelle quotient de P par A, et on note $P^{\cdot}. A$, la partie de M définie par

$$P^{\cdot}.A = \{m \in M \mid \exists a \in A \quad m\, a \in P\}$$

Lemme 3 Soient $\varphi : M \longrightarrow N$ un homomorphisme de M dans N, P une partie de M, Q une partie de N, tels que $P = \varphi^{-1}(Q)$. Alors, pour toute partie A de M on a : $P^{\cdot}.A = \varphi^{-1}(Q^{\cdot}.\varphi(A))$.

Remarque : La notion de quotient est une notion orientée. Nous venons de définir un quotient "à droite" et il existe de même un quotient "à gauche" de P par A pour lequel le lemme 3 et le lemme 5 ci-dessous sont tout aussi vrais. Nous avons choisi le quotient "à droite" pour que la famille des langages context-free déterministes soit fermée pour l'opération : quotient par un langage rationnel (cf. paragraphe suivant et Remarque 2 p.7).

1.4. Langages context-free

Nous supposons connues les définitions de langage context-free et de langage context-free déterministe (cf [7] par exemple). Nous employons ici le terme anglo-saxon "langage context-free" au lieu du terme français habituel "langage algébrique" car nous définirons plus loin des "groupes context-free" qu'il eût été délicat de nommer "groupes algébriques".

La famille des langages context-free est fermée pour les opérations suivantes :

01 : Image homomorphe inverse
(0) 02 : Intersection avec un langage rationnel
03 : Quotient par un langage rationnel.

Nous dirons qu'un langage L <u>domine</u> un langage L' si L' est image de L par une suite d'opérations (0). Nous dirons que L et L' sont <u>équivalents</u> s'ils se dominent l'un l'autre.

1.5. Monoïde syntaxiques infinis.

Le théorème de Kleene permet de <u>caractériser</u> la famille des langages rationnels par une propriété -la finitude- de leurs monoïdes syntaxiques. D'autres résultats permettent de même de caractériser des sous-familles de langages rationnels par des propriétés plus fines de leurs monoïdes syntaxiques, déjà supposés finis. De tels résultas de caractérisation ne sont plus possibles dans le cas des monoïdes infinis ; la famille des langages admettant un monoïde infini donné comme monoïde syntaxique étant en effet complètement orthogonale à la hiérarchie classique des langages due à Chomsky. Le lemme suivant permet néanmoins d'étudier les relations entre un langage et son monoïde syntaxique indépendamment de l'alphabet du langage.

Soit L un langage, sous-ensemble de X^*. Nous appelons <u>image de L dans son monoïde syntaxique</u>, le sous-ensemble $\varphi_L(L)$ de $\mathcal{M}(L)$ où φ_L est l'homomorphisme canonique de X^* sur son quotient $\mathcal{M}(L)$.

On appelle φ_L <u>l'homomorphisme syntaxique</u> de L. Remarquons que puisque L est saturé pour l'équivalence nucléaire de φ_L on a $L = \varphi_L^{-1}(\varphi_L(L))$.

Lemme 4 [18] <u>Deux langages qui ont le même monoïde syntaxique et la même image dans ce monoïde syntaxique sont images homorphes inverses l'un de l'autre.</u>

II. DES GROUPES AUX LANGAGES

Soit φ , un homomorpisme surjectif d'un monoïde libre X^* sur un groupe G. Le monoïde syntaxique du langage $L = \varphi^{-1}(1)$ est le groupe G lui-même puisque l'élément neutre d'un groupe n'est une partie saturée pour aucune congruence autre que l'identité. D'après le lemme 4 précédent, les langages qui admettent un groupe G donné comme monoïde syntaxique et dont l'image dans G est l'élément neutre sont tous équivalents. Les deux lemmes suivants vont mettre en relation des langages admettant le même groupe G comme monoïde$_5$-yntaxique mais d'images distintes dans G.

Lemme 5 <u>Soi</u> $_m$ L <u>un langage dont le monoïde syntaxique est un groupe</u> G <u>et dont l'image dans</u> G <u>est l'élément neutre. Alors</u> L <u>domine tout langage dont le monoïde syntaxique est isomorphe à</u> G <u>et dont l'image dans</u> G <u>est une partie rationnelle de</u> G.

Preuve : Soit L' un langage de X^* tel que

$$\mathfrak{M}(L') = G \quad \text{et} \quad \varphi_{L'}(L') = R \in \mathrm{Rat}(G).$$

D'après le lemme 4 on peut toujours supposer, quitte à considérer un langage équivalent à L, que

$$L \subset X^* \quad \text{et} \quad \varphi_L = \varphi_{L'}$$

Notons 1 l'élément neutre de G et $\bar{R}$ l'ensemble des inverses des éléments appartenant à R. On a

$$\bar{R} \in \mathrm{Rat}(G) \quad \text{et} \quad R = \{1\}^{\cdot} . \bar{R}.$$

D'après le lemme 1, et puisque l'homomorphisme syntaxique φ_L est évidemment surjectif, il existe un sous-ensemble K de X^* tel que

$$K \in \mathrm{Rat}(X^*) \quad \text{et} \quad \varphi_L(K) = \bar{R} .$$

Il vient alors, d'après le lemme 3,

$$L^{\cdot}.K = \varphi_L^{-1}(\{1\}^{\cdot}.\bar{R}) = \varphi_L^{-1}(R) = L' .$$

La réciproque du lemme 5 est fausse.

<u>Exemple 1</u>

Sur l'alphabet $X = \{a, b, c, d\}$, soit par exemple le langage context-free

$$L = \{ w \in X^* \mid |w|_a = |w|_b \quad \text{ou} \quad |w|_c = |w|_d \}$$

où $|w|_x$ indique le nombre de lettres x apparaissant dans le mot w.

Le monoïde syntaxique de L est isomorphe à $\mathbb{Z}^2$, où $\mathbb{Z}$ est le groupe des entiers. L'image de L dans $\mathbb{Z}^2$ est la partie rationnelle

$$R = (1,0)^* \cup (-1,0)^* \cup (0,1)^* \cup (0,1)^* .$$

En revanche il est facile de voir que le langage

$$L' = \varphi^{-1}((0,0))$$

est un langage non context-free qui n'est donc pas dominé par L. (cf. aussi Remarque 3 ci-dessous).

La définition suivante va nous permettre d'énoncer une réciproque partielle au lemme 5.

Définition 4 : Un groupe G est dit résiduellement fini si pour tout élément g de G différent de l'élément neutre il existe une congruence d'index fini telle que la classe de g ne contienne pas l'élément neutre.

Les groupes libres sont résiduellement finis (Théorème d'Iwasawa). Le produit direct de groupes résiduellement finis est résiduellement fini (exemple $\mathbb{Z}^2$). Sur les groupes résiduellement finis, cf. [10] ou [17] .

Lemme 6 [18] Soit L un langage dont le monoïde syntaxique est un groupe G résiduellement fini et dont l'image dans G est finie. Alors L domine tout langage dont le monoïde syntaxique est isomorphe à G et dont l'image est l'élément neutre de G.

Des lemmes 5 et 6 on tire le corollaire.

Corollaire 1 [18] Soit G un groupe résiduellement fini. Tous les langages dont le monoïde syntaxique est isomorphe à G et dont l'image dans G est finie sont équivalentes.

Le lemme 5 fait ressortir le rôle privilégié, qui jouent, parmi les langages qui admettent comme monoïde syntaxique un groupe G donné, ceux dont l'image dans G est l'élément neutre. C'est pourquoi, suivant Anisimov [1], nous posons la définition suivante :

Définition 5 : Un groupe G est context-free si les langages dont le monoïde syntaxique est isomorphe à G et dont l'image dans G est l'élément neutre sont context-free.

Les groupes libres, nous l'avons vu, sont context-free ; les groupes finis sont aussi des groupes context-free (puisque les langages rationnels sont des langages context-free particuliers). Le théorème suivant permet de construire d'autres groupes context-free.

Théorème 1 : (Anisimov [1], [3])

Les groupes suivants sont context-free :

i) les sous-groupes finiment engendrés -et donc les sous-groupes d'index fini- d'un groupe context-free ;

ii) les quotients d'un groupe context-free par les sous-groupes finiment engendrés ;

iii) le produit direct d'un groupe context-free et d'un groupe fini ;

iv) le produit libre de deux groupes context-free.

. L'assertion i) repose (comme le lemme 4) sur une propriété de projectivité des monoïdes libres. Rappelons que les sous-groupes d'index fini d'un groupe finiment engendré sont finiment engendrés (cf. [17] par exemple) et qu'un groupe context-free est finiment engendré (Remarque 1 ci-dessus) ; confert aussi corollaire 2 ci-dessous.

. L'assertion ii) est un corollaire immédiat du lemme 5 et l'assertion iii) est très simple à vérifier.

. L'assertion iv) se prouve ([1]) en construisant explicitement une grammaire context-free engendrant un langage L, dont le monoïde syntaxique est $G = G' * G''$ et l'image dans G est l'élément neutre, à partir des grammaires context-free engendrant deux langages L' et L'' qui font respectivement de G' et G'' deux groupes context-free.

Exemple 2 : Le groupe $SL(2,\mathbb{Z})$, formé des matrices unimodulaires d'ordre 2 à coefficients entiers, est un groupe context-free puisque $SL(2,\mathbb{Z}) = \mathbb{Z}/_{2\mathbb{Z}} * \mathbb{Z}/_{3\mathbb{Z}}$

Remarque 2 : Soit une famille quelconque de langages -qu'on nommera "langages de type T"- qui contienne les langages rationnels et soit fermé pour les opérations (O). On dira qu'un groupe G est un "groupe de type T" si tout langage L, dont le monoïde syntaxique est isomorphe à G et dont l'image dans G est l'élément neutre, est de type T.
Alors les assertions i) à iii) du théorème 1 sont vérifiées, mutatis mutandis pour les groupes de type T. Par exemple, la famille des langages context-free déterministes contient les langages rationnels et est fermée pour les opérations (O). On montre aussi que les groupes context-free déterministes sont fermés par produit libre.

Remarque 3 : L'exemple 1, ci-dessus montre que la famille des groupes context-free n'est pas fermée par l'opération de produit direct. Plus généralement, Perrot a montré ([15]) que le produit direct de deux groupes G_1 et G_2, monoïdes syntaxiques de langages context-free, est monoïde syntaxique de langages context-free. Mais si G_1 et G_2 contienne chacun un élément d'ordre infini, l'image d'un langage context-free dans $G_1 \times G_2$ est forcément de cardinal infini et donc $G_1 \times G_2$ ne peut être un groupe context-free.

Enfin, mentionnons que l'hypothèse que $\mathcal{M}(L)$ est un groupe commutatif G impose soit le déterminisme soit le non-déterminisme du langage context-free L suivant que le rang de G est inférieur ou égal à 1, ou supérieur à 1 [16].

III. DES LANGAGES AUX GROUPES.

Dans cette partie nous allons présenter quelques propriétés des groupes context-free.

3.1. Présentation et problème des mots

Théorème 2 (Anisimov [2])

Les groupes context-free sont finiment présentés.

Soit G un groupe context-free ; G est le monoïde syntaxique d'un langage context-free L dont l'image dans G est l'élément neutre.

G est finiment engendré (Remarque 1). Le théorème de Bar Hillel, Perles et Shamir (cf. [7]) permet le calcul explicite, à partir d'une grammaire qui engendre L, d'un ensemble fini de relations qui définissent G. Il faut noter que dans ce calcul on utilise de façon cruciale l'hypothèse que $\mathcal{M}(L)$ est un groupe, et qu'il existe des monoïdes syntaxiques de langages context-free qui ne sont pas finiment présentés (cf.[18]).

Théorème 3 (Anisimov [2])

Les groupes context-free ont un problème de mots décidable.

Ce théorème est un corollaire immédiat du fait qu'il est décidable de savoir si un mot donné appartient à un langage context-free.

3.2. Démonstration du théorème de Howson

Nous allons maintenant utiliser des propriétés combinatoires sur les langages pour démontrer le théorème suivant, dû à Howson.

Théorème (Howson [9])

L'intersection de deux sous-groupes finiment engendrés du groupe libre est un sous-groupe finiment engendré.

La démonstration originale donne de plus une borne sur le nombre de générateurs de chacun des deux sous-groupes, borne que nous n'obtiendrons pas avec la démonstration, beaucoup plus rapide, qui suit, et qui est due à Anisimov et Seifert [3].

Définition 6 Un groupe G est un groupe de Howson si l'intersection de deux sous-groupes finiment engendrés de G est un sous-groupe finiment engendré.

Le lemme suivant caractérise les sous-groupes finiment engendrés d'un groupe G.

Lemme 7 (Anisimov - Seifert [3]).

Soit H un sous-groupe d'un groupe G.H est finiment engendré si et seulement si, H est une partie rationnelle de G.

Un sous-groupe finiment engendré est une partie rationnelle de G. L'implication inverse se démontre par récurrence sur la hauteur étoile d'un système générateur de la partie rationnelle H qui est déjà supposée être un sous-groupe.

Remarque : Il n'existe pas de proposition analogue au lemme 7 pour les sous-monoïdes P d'un monoïde M général. Exemple : $P = \{xy^*\}^*$, sous-monoïde rationnel de $X^* = \{x,y\}^*$, n'est pas finiment engendré puisqu'il est librement engendré par la partie infinie $A = \{xy^*\}$.

Corollaire 2 : Un sous-groupe d'index fini d'un groupe finiment engendré est finiment engendré.

Cette proposition est classique ([17]) mais la preuve que nous en donnons grâce au lemme 7 est nouvelle et élégante :

Soit H un sous-groupe d'index fini d'un groupe G finiment engendré. Par définition H est une partie reconnaissable de G. Puisque G est finiment engendré, H est une partie rationnelle de G (lemme 2) et donc finiment engendré.

Corollaire 3 : Un groupe dont la famille des parties rationnelles est fermée par intersection est un groupe de Howson.

La démonstration du théorème de Howson, puis sa généralisation aux groupes contect-free (paragraphe suivant) va donc constister en la preuve que la famille des parties rationnelles du groupe libre, respectivement d'un groupe context-free, est fermée par intersection.

Soit $X = x_1,x_2,\ldots,x_n,\bar{x}_1,\bar{x}_2,\ldots,\bar{x}_n$ un alphabet à 2n lettres. Le groupe libre à n générateurs est le quotient de X^* par la congruence σ_U engendrée par les relations

(U) $x_i\bar{x}_i = \bar{x}_ix_i = 1$ $i = 1, 2,\ldots,n$.

Classiquement ([11]), on définit l'application ρ de X^* dans X^* qui à chaque mot w de X^* fait correspondre le mot $\rho(w)$, congru à w modulo σ_U, et qui ne contient aucun facteur $x_i\bar{x}_i$ ou $\bar{x}_i x_i$, c'est-à-dire qui ne peut être "réduit" par aucune relation (U). L'ensemble $\rho(X^*)$ est en bijection avec F_n. Si on note t cette bijection et φ l'homomorphisme canonique de X^* sur F_n, le diagramme suivant commute :

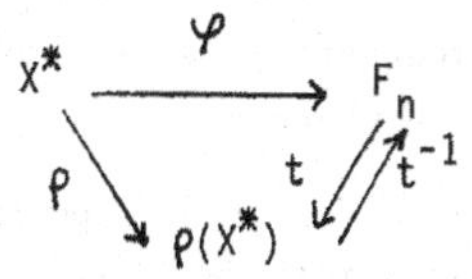

On en déduit que ρ satisfait la relation

(1) $\quad P \subset X^* \quad \rho(P) = \rho(\varphi^{-1}(\varphi(P)))$

Lemme 8 (Benois [4])

Toute partie rationnelle de F_n, considérée comme sous-ensemble de X^* par la bijection canonique, est une partie rationnelle de X^*.

i.e. (2) $R \in \mathrm{Rat}(F_n) \Longrightarrow t(R) \in \mathrm{Rat}(X^*)$.

D'après le lemme 1, (2) peut s'écrire sous la forme équivalente

(3) $S \in \mathrm{Rat}(X^*) \Longrightarrow \rho(S) \in \mathrm{Rat}(X^*)$.

On en déduit alors grâce à (1) que la famille des parties rationnelles du groupe libre est fermée par intersection.

c.q.f.d.

3.3. Généralisation du théorème de Howson aux groupes context-free

Théorème 4 (Anisimov Seifert [3])

Les groupes context-free sont des groupes de Howson.

Le shéma de la preuve est identique à celui de la preuve précédente.

Soient G un groupe context-free et ψ un morphisme d'un monoïde libre Y^* sur G. La démonstration du théorème 2 donne une présentation finie de G c'est-à-dire un ensemble fini (V) de relations sur Y^*. On peut définir une application μ de $\mathcal{P}(Y^*)$ dans $\mathcal{P}(Y^*)$ analogue à l'opération de réduction ρ précédente ; en particulier μ satisfait la relation (4), analogue de (1) :

(4) $\forall Q \subset Y^* \quad \mu(Q) = \mu(\psi^{-1}(\psi(Q)))$.

Grâce à la finitude de l'ensemble de relations (V) on peut alors démontrer la relation (5) analogue de (3) :

(5) $\forall T \in \mathrm{Rat}(Y^*) \Longrightarrow \mu(T) \in \mathrm{Rat}(Y^*)$.

Du lemme 1 et de (4) et (5) on déduit alors immédiatement le théorème 4.

Corollaire 4 [8] Le groupe SL(2,ℤ) est un groupe de Howson.

En effet, SL(2,ℤ) est un groupe context-free (exemple 2).

BIBLIOGRAPHIE

[1] A.V. ANISIMOV On group languages, Kibernetica 7, 1971, n°4, 18-24 (en russe, trad. anglaise in Cybernetics).

[2] A.V. ANISIMOV Some algorithmic problems for groups and context-free languages, Kibernetica 8, 1972, n°2, 4-11 (en russe, trad. anglaise in Cybernetics).

[3] A.V. ANISIMOV et F.D. SEIFERT Zur algebraischen Charakteristik der durch kontext-freie Sprachen definierten Gruppen, Elektronische Informationsverarbeitung und Kybernetik 11, 1975, 695-702.

[4] M. BENOIS Parties rationnelles du groupe libre, C.R. Acad. Sci. Paris, Sér. A, 269, 1969, 1188-1190.

[5] J. BERSTEL Memento sur les transductions rationnelles, Publication de l'Institut de Programmation n°74-23, Paris, 1974.

[6] S. EILENBERG Automata, languages, and machines, Vol. A, Academic Press, 1975.

[7] S. GINSBURG The mathematical theory of context-free languages, Mac Graw Hill, 1966.

[8] L. GREENBERG Discrete groups of motions, Canadian J. Math. 12, 1960, 415-426.

[9] A.G. HOWSON On the intersection of finitely generated free groups, J. London Math. Soc. 29, 1954, 428-434.

[10] W. MAGNUS Residually finite groups, Bull. Amer. Math. Soc. 75, 1969, 305-316.

[11] W. MAGNUS, A. KARASS et D. SOLITAR Combinatorial group theory, Interscience Publishing Compagny 1966.

[12] M. NIVAT Transductions des langages de Chombsky, Ann. Inst. Fourier Grenoble 18, 1968, 339-456.

[13] D. PERRIN Codes bipréfixes et groupes de permutations, thèse Sc. Math., Univ. Paris VII, 1975.

[14] J.F. PERROT Groupes de permutations associés aux codes préfixes finis,

in Permutations, Actes du Colloque, Paris 1972. (A. Lentin, ed.) Gauthier Villars, 1974, 19-35.

[15] J.F. PERROT Monoïdes syntaxiques des langages algébriques, à paraître dans Acta Informatica.

[16] J.F. PERROT et J. SAKAROVITCH Langages algébriques et groupes abéliens, in Automata Theory and Fomal Languages, 2nd GI Conférence, Kaiserslautern 1975 (H. Brakhage, ed.), Lectures Notes in Computer Science n°33, Springer Verlag, 1975, 20-30.

[17] D.J.S. ROBINSON Finiteness conditions and generalized soluble groups, Springer Verlarg, 1972.

[18] J. SAKAROVITCH Monoïdes syntaxiques et langages algébriques, Thèse de 3ème cycle Math., Univ. Paris VII, 1976.

[19] M.P. SCHUTZENBERGER Une théorie algébrique du codage, Séminaire Dubreil-Pisot, 1955/56, n°15.

J. SAKAROVITCH
Université Pierre et Marie Curie
Institut de Programmation
Tour 55-65
4, Place Jussieu
75230 PARIS CEDEX 05

Manuscrit reçu le 19 Mai 1976

CODES AND BINARY RELATIONS[1]

H.J. Shyr and G. Thierrin

1. INTRODUCTION

Let X be an alphabet and let X^* be the free monoid generated by X. Any element of X^* is called a word over X and any subset A of X^* is called a language over X. Let $X^+ = X^* - \{1\}$, where 1 is the empty word. We let $lg(w)$ denote the length of the word w. For any $A, B \subseteq X^*$, let $AB = \{ab \mid a \in A, b \in B\}$. A non-empty language $A \subseteq X^+$ is called a code if $a_1 a_2 \ldots a_n = b_1 b_2 \ldots b_m$, $a_i, b_j \in A$, $i = 1,2,\ldots,n$, $j = 1,2,\ldots,m$, implies $n = m$ and $a_i = b_i$ for $i = 1,2,\ldots,n$. A code A is said to be a prefix (suffix) code if $A \cap AX^+ = \emptyset$ ($A \cap X^+A = \emptyset$).

A binary relation ρ on X^* is a subset of $X^* \times X^*$. We call ρ a strict binary relation on X^* if for all $a,b \in X^*$,

(1) $(a,a) \in \rho$ and $(1,a) \in \rho$

(2) $(a,b) \in \rho$ implies $lg(b) \geq lg(a)$

(3) $(a,b) \in \rho$ and $lg(a) = lg(b)$ implies $a = b$.

Sometimes we will use $a \,\rho\, b$ instead of $(a,b) \in \rho$.

A non-empty subset H of X^+ is called an independent set with respect to a binary relation ρ defined on X^* or simply a ρ-independent set if, for any $u,v \in H$, $u \rho v$ implies that $u = v$. The class of all independent setsof X^* with respect to the binary relation ρ will in general be denoted by $H_\rho(X)$. Every word $\neq 1$ is in $H_\rho(X)$ for every ρ.

[1]This research has been partially supported by Grant A7877 of the National Research Council of Canada and Award W750062 ot the Canada Council.

The strict binary relation ρ_e defined on X^* by $x \rho_e y$ if and only if $x = x_1x_2\ldots x_n$, $y = y_1x_1y_2x_2\ldots y_nx_ny_{n+1}$ for some n, where $x_i, y_j \in X^*$ is a partial order (the embedding order) on X^* and (X^*, ρ_e) forms a partially ordered monoid. It is known that if X is finite then every independent set H with respect to ρ_e is finite (see Higman (1952), Jullien (1968), Haines (1969)), and therefore every infinite subset has an infinite chain with respect to ρ_e. Furthermore H is a code, called a hypercode (Shyr and Thierrin (1974)).

In section 2 of this paper, several strict binary relations which are partial orders are defined and studied and with the help of these relations we can show that there is no strict binary relation ρ such that the class of independent sets is exactly the class of codes. In section 3, we study the family F_1 of all strict binary relations ρ such that every code is ρ-independent and the family F_2 of all strict binary relations ρ such that every ρ-independent set is a code. With respect to the inclusion relation, the family F_1 has a maximum element and the family F_2 has an infinite number of minimal elements, two of which are ρ_p and ρ_s. In section 4, we define the notion of co-compatible binary relation on X^*, and we show that if ρ is a reflexive co-compatible relation then every ρ-independent set is a code.

2. ORDER RELATIONS AND CODES

We define now the following strict binary relations on X^* :

(1) $\rho_p = \{(u,ux) \mid u \in X^*,\ x \in X^*\}$.

(2) $\rho_s = \{(u,xu) \mid u \in X^*,\ x \in X^*\}$.

(3) $\rho_d = \{(u,y) \mid y = ux \text{ and } y = wu \text{ for some } x,w \in X^*\}$.

(4) $\rho_c = \{(u,y) \mid y = ux = xu \text{ for some } x \in X^*\}$.

In general $\rho_c \subsetneqq \rho_d \subsetneqq \rho_p$ and $\rho_d \subsetneqq \rho_s$. It is easy to see that the class of all prefix codes and the class of all suffix codes over X are exactly the class of all independent sets of ρ_p and ρ_s respectively.

We recall that a word $w \in X^+$ is called primitive if $w = f^n$, $f \in X^+$, implies $n=1$ (Lentin and Schützenberger (1967)). In order to establish some properties of the above strict binary relations, we need the following Proposition which is due to Lyndon and Schützenberger (1962).

PROPOSITION 1. *Let X be an alphabet and let $x,y \in X^+$. If $xy = yx$, then there exist a primitive word $f \in X^+$ and $m \geq 1$, $n \geq 1$ such that $x = f^n$, $y = f^m$.*

COROLLARY. *Let X be an alphabet and let $x,y \in X^+$. Then the following are equivalent* :

(1) $y = ux = xu$ *for some* $u \in X^*$.

(2) $xy = yx$.

(3) $x = w^n$, $y = w^{n+r}$, where $n \geq 1$, $r \geq 0$ and w is a primitive word over X.

PROPOSITION 2. (Lentin and Schützenberger (1967)). Let X be an alphabet and let $x,y \in X^+$. Then $\{x,y\}$ is a code if and only if x and y are not powers of the same word.

PROPOSITION 3. Let X be an alphabet and let $x,y \in X^+$. Then $xy \neq yx$ if and only if $\{x,y\}$ is a code.

PROOF. The proposition follows from the Corollary of Proposition 1 and Proposition 2.

PROPOSITION 4. The strict binary relations ρ_p, ρ_s, ρ_d and ρ_c are partial orders on X^*.

PROOF. The proofs of that ρ_p, ρ_s and ρ_d are partial orders on X^* are straightforward. We now prove that ρ_c is a partial order. It is easy to see that ρ_c is a reflexive and antisymmetric relation. Now let $u \,\rho_c\, v$ and $v \,\rho_c\, w$, $u, v, w \in X^*$. If $u=1$, then $u \,\rho_c\, w$. If $u \neq 1$, then we have also $v \neq 1$ and $w \neq 1$. By the Corollary of Proposition 1, there exists a primitive word $f \in X^+$ and $1 \leq r_1 \leq r_2 \leq r_3$ such that $u = f^{r_1}$, $v = f^{r_2}$, $w = f^{r_3}$. Again by the Corollary of Proposition 1, we have $u \,\rho_c\, w$. Hence ρ_c is transitive and ρ_c is a partial order.

The partial orders ρ_p and ρ_s will be called respectively the prefix order and the suffix order. For any strict binary relation ρ on X^*, we let $H_\rho(X)$ denote the class of all ρ-independent sets.

PROPOSITION 5. Let ρ_1, ρ_2 be two strict binary relations defined on X^*. Then $\rho_1 \subseteq \rho_2$ on X^+ if and only if $H_{\rho_1}(X) \supseteq H_{\rho_2}(X)$.

PROOF. Necessity. Let $A \in H_{\rho_2}(X)$. If A is a singleton set then $A \in H_{\rho_1}(X)$. Now suppose that A is not a singleton set and let $u,v \in A$ such that $u \,\rho_1\, v$. Then $u \,\rho_2\, v$ by assumption. Since A is an independent set with respect to ρ_2, we have $u = v$. Thus $A \in H_{\rho_1}(X)$ and $H_{\rho_2}(X) \subseteq H_{\rho_1}(X)$ holds.

Sufficiency. Suppose $u \,\rho_1\, v$ and $u \not\rho_2\, v$, $u, v \in X^+$. Then the set $\{u,v\} \in H_{\rho_2}(X)$, because ρ_1 and ρ_2 are strict binary relations. As $H_{\rho_2}(X) \subseteq H_{\rho_1}(X)$, we have $\{u,v\} \in H_{\rho_1}(X)$. Which implies that $u \not\rho_1\, v$, a contradiction. Hence $u \,\rho_2\, v$ must hold.

PROPOSITION 6. If X contains more than one element, then there is no strict binary relation ρ defined on X^* such that the class of all independent sets is exactly the class of all codes over X.

PROOF. Let $X = \{a,b,\ldots\}$ where $a \neq b$. Suppose ρ is a strict binary relation such that the class of all independent sets is exactly the class of all codes. Since every prefix code and every suffix code is a code, by Proposition 5, $\rho \subseteq \rho_p$ on X^+ and $\rho \subseteq \rho_s$ on X^+. It follows that for all $u,v \in X^+$, $(u,v) \in \rho$ implies that $v = ux$ and $v = yu$ for some $x,y \in X^*$. The set $A = \{ab^2, ba, ab, b^2a\}$ is not a code, because $ab^2.ba = ab.b^2a$. However A is an independent set with respect to ρ, a contradiction.

PROPOSITION 7. If A is a code over X, then A is an independent set with respect to ρ_c.

PROOF. Let A be a code. The case when A contains only one word is trivial. Now let $u,v \in A$ such that $(u,v) \in \rho_c$, $u \neq v$. Then by definition $v = ux = xu$ for some $x \in X^+$. We have $uv = u(xu) = (ux)u = vu$. This contradicts the fact that A is a code. Hence A is an independent set with respect to ρ_c.

An independent set with respect to ρ_d may not be a code. For example let $X = \{a,b\}$. Then $A = \{ab^2, ba, ab, b^2a\}$ is an independent set with respect to ρ_d, but A is not a code.

PROPOSITION 8. Each pair $u,v \in X^+$ which is an independent set with respect to ρ_d is a code.

PROOF. Suppose that $\{u,v\}$ is not a code (this implies that $lg(u) \neq lg(v)$) and that x is a word over X^+ with minimal length which has two decompositions in u and v. Then $x = u\ldots v = v\ldots u$ or $x = u\ldots u = v\ldots v$. Since $lg(v) > lg(u)$ (assume), we have in either case $v = r_1u = ur_2$ for some r_1 and r_2 in X^*. This implies that $(u,v) \in \rho_d$, which is a contradiction.

The converse of this proposition is not true. For example, let $X = \{a,b\}$. The set $C = \{a,aba\}$ is a code, but $(a,aba) \in \rho_d$.

3. TWO SUBFAMILIES OF STRICT BINARY RELATIONS

Let X be an alphabet and let S be the family of all strict binary relations on X^*; S is partially ordered by inclusion. It is immediate that S is closed under union and intersection. We now consider the following two types of subfamilies of S:

$F_1 = \{\rho \in S \mid \text{every code is } \rho\text{-independent}\}$;

$F_2 = \{\rho \in S \mid \text{every } \rho\text{-independent set is a code}\}$.

In this section we show that ρ_c is the maximum element in F_1 and we also prove that F_2 has infinitely many minimal elements, including ρ_d and ρ_s.

By Proposition 7, F_1 is not empty since $\rho_c \in F_1$. Let $F_1 = \{\rho_j \mid j \in J\}$ and $R = \bigcup_{j \in J} \rho_j$. It is easy to see that $R \in F_1$.

PROPOSITION 9. Let X be an alphabet and let $x,y \in X^+$, $lg(x) < lg(y)$. Then $(x,y) \in R$ if and only if $\{x,y\}$ is not a code.

PROOF. It is immediate that the condition is necessary. The condition is sufficient. Suppose that $\{x,y\}$ is not a code and that $(x,y) \notin R$. Let $R_1 = R \cup \{(x,y)\}$. Then $R \subsetneq R_1$ and $R_1 \in F_1$, a contradiction.

PROPOSITION 10. Let X be an alphabet and let $A \subseteq X^+$. Then A is R-independent if and only if for all $x,y \in A$, $x \neq y$, $\{x,y\}$ is a code.

PROOF. This Proposition follows directly from the above Proposition.

PROPOSITION 11. The strict binary relations R and ρ_c over an alphabet X are identical.

PROOF. $\rho_c \subseteq R$ follows from Proposition 7. Now we show $R \subseteq \rho_c$. Let $x,y \in X^+$, $lg(x) \leq lg(y)$ and $(x,y) \in R$. Then $\{x,y\}$ is not a code. By Proposition 3, $xy = yx$ and by the Corollary of Proposition 1, $(x,y) \in \rho_c$.

COROLLARY. ρ_c is the maximum element of F_1.

A non-empty language $A \subseteq X^+$ is called a n-code if every subset of n elements of A is a code, where $n < |A|$. Every $A \subseteq X^+$, $A \neq \emptyset$, is a 1-code and every n-code is a m-code for $1 \leq m \leq n$. A is a code if and only if A is a n-code for every n, $1 \leq n \leq |A|$.

PROPOSITION 12. Let $|X| \geq 2$. Then for every $n \geq 1$, there exists a n-code $A \subseteq X^+$ that is not a (n+1)-code.

PROOF. Let $C = \{x_1, x_2, \ldots, x_n\}$ be a code over X containing n words of the same length. Then $A = \{x_1, x_2, \ldots, x_n, x_1x_2\ldots x_n\}$ is a n-code but not a (n+1)-code.

PROPOSITION 13. Let $|X| \geq 2$, $A \subseteq X^+$, where $|A| \geq 2$. Then A is ρ_c-independent if and only if A is a 2-code.

PROOF. The Proposition follows from Propositions 10 and 11.

The following two Propositions give some closure properties of F_1 and F_2.

PROPOSITION 14. Let $\rho_1 \in F_1$ and $\rho \in S$. Then :

(1) $\rho \subseteq \rho_1$ implies $\rho \in F_1$. (2) $\rho_1 \cap \rho \in F_1$.

PROOF. (1) This follows immediately from Proposition 5. (2) Since $\rho_1 \cap \rho \subseteq \rho_1$ and $\rho_1 \cap \rho \in S$, then $\rho_1 \cap \rho \in F_1$ follows from (1).

PROPOSITION 15. (1) ρ_p, ρ_s and $\rho_e \in F_2$. (2) If $\rho_2 \in F_2$, $\rho \in S$ and $\rho_2 \subseteq \rho$, then $\rho \in F_2$. (3) F_2 is closed under union but not closed under intersection.

PROOF. (1) This follows from the fact that the class of the independent sets with respect to ρ_p, ρ_s and ρ_e are respectively the class of the prefix codes, the suffix codes and the hypercodes. (2) Immediate. (3) Let ρ_1, $\rho_2 \in F_2$, then $\rho_1 \cup \rho_2 \supseteq \rho_1$ and by (2) $\rho_1 \cup \rho_2 \in F_2$. F_2 is not closed under intersection, because $\rho_p, \rho_s \in F_2$, but $\rho_d = \rho_p \cap \rho_s \notin F_2$.

There is no minimum element in F_2. Indeed, if $\rho_0 \in F_2$ such that $\rho_0 \subseteq \rho_j$ for all $\rho_j \in F_2$, then $\rho_0 \subseteq \rho_p$ and $\rho_0 \subseteq \rho_s$. Hence $\rho_0 \subseteq \rho_p \cap \rho_s = \rho_d$ and $\rho_d \in F_2$, a contradiction.

PROPOSITION 16. For every $\rho_k \in F_2$, there exists $\rho \in F_2$ such that $\rho \subseteq \rho_k$ and $\rho_j \subseteq \rho$, $\rho_j \in F_2$ implies $\rho_j = \rho$.

PROOF. Let $\rho_k \supseteq \dots \supseteq \rho_{k_\alpha} \supseteq \dots \supseteq \rho_{k_\beta}$ ... be a descending chain of $\rho_{k_\alpha} \in F_2$, let $\rho_\omega = \cap \rho_{k_\alpha}$ and let A be an ρ_ω-independent set. We want to show that A is a code. In order to do this it is sufficient to show that every finite subset $B = \{a_1, a_2, \dots, a_n\}$ of A is a code. For every $a_r, a_s \in B$, $r \neq s$, there exists ρ_{k_γ} such that

$$a_r \not\rho_{k_\gamma} a_s.$$

Since B is finite, there exists ρ_{k_δ} such that

$$a_r \not\rho_{k_\delta} a_s$$

for all $a_r, a_s \in B$, $r \neq s$. Hence B is ρ_{k_δ}-independent, and B is a code. This implies that $\rho_\omega \in F_2$. By applying the Zorn's Lemma, there exists then $\rho \in F_2$ such that $\rho \subseteq \rho_k$, and $\rho_j \subseteq \rho$, $\rho_j \in F_2$, implies $\rho_j = \rho$.

PROPOSITION 17. Let X be an alphabet. Then ρ_p and ρ_s are minimal elements in F_2.

PROOF. The case $|X| = 1$ is trivial. We now assume $|X| \geq 2$. Let $\rho' \subsetneqq \rho_p$. We want to show that $\rho' \notin F_2$. Since $\rho' \subsetneqq \rho_p$, there exist $x, y \in X^*$ such that $(x,xy) \notin \rho'$. Since $\rho' \in F_2$, we must have $x \neq 1$ and $y \neq 1$. If $x = y$, then $\{x,x^2\}$ is ρ'-independent but $\{x,x^2\}$ is not a code. Hence $\rho' \notin F_2$. If $x \neq y$ and $lg(x) = lg(y)$, then the set $\{x,y,xy\}$ is ρ'-independent but it is not a code. Hence $\rho' \notin F_2$. Finally, let us suppose $x \neq y$, $log(x) = n \geq 1$ and $lg(y) \neq n$. Let $A = X^n \cup \{xy\}$. Then A is ρ'-independent. We have then

$$(xy)^n = (xy)(xy)\dots(xy) = z_1 z_2 \dots z_k,\ z_i \in X^n \subseteq A$$

for some k and $z_1 \neq xy$. Hence A is not a code. Thus $\rho' \notin F_2$. This shows that ρ_p is a minimal element in F_2. Similarly we can show that ρ_s is a minimal element in F_2.

PROPOSITION 18. Let X be an alphabet such that $|X| \geq 2$. Then F_2 has infinitely many minimal elements.

PROOF. Let $X = \{a,b,\dots\}$ and $\rho_0 = \{(x,y) \mid lg(y) \gneqq lg(x)\} \cup \{(x,x) \mid x \in X^*\}$.

For $i \geq 1$, let

$$A_i = \{(a^i, a^i b^i)\},$$
$$B_i = \{(b^i, a^i b^i)\};$$

and for $k \geq 2$, let

$$D_k = (\bigcup_{i=1}^{k-1} A_i) \cup B_k \cup (\bigcup_{i=k+1}^{\infty} A_i),$$

$$\rho_k = \rho_0 - D_k.$$

From the construction, it follows that ρ_0 and ρ_k for $k \geq 2$ are elements of F_2. By Proposition 16, for any $k \geq 2$, there exists $\rho'_k \subseteq \rho_k$, such that ρ'_k is minimal in F_2. We note that $(b^k, a^k b^k) \notin \rho'_k$ and so $(a^k, a^k b^k)$ must be in ρ'_k. Indeed if $(a^k, a^k b^k) \notin \rho'_k$, then $C = \{a^k b^k, a^k, b^k\}$ is a ρ'_k-independent set. But C is not a code and hence $\rho'_k \notin F_2$, a contradiction. On the other hand $(a^k, a^k b^k) \notin \rho'_h$ if $h \neq k$. Hence $\rho'_k \neq \rho'_h$, if $k \neq h$. Thus F_2 has infinitely many minimal elements.

4. CO-COMPATIBLE BINARY RELATIONS ON X^*

Let ρ be a binary relation on X^* and let $[\rho] = \overline{\rho \cup \rho^{-1}}$, i.e. $[\rho]$ is the complement of $\rho \cup \rho^{-1}$. $[\rho]$ is always a symmetric relation. If A is a non-empty set of X^+, then A is ρ-independent if and only if $x[\rho]y$ for every $x, y \in A$, $x \neq y$.

A binary relation ρ is said to be <u>compatible</u> if

(i) $(x,y) \in \rho$ and $z \in X^*$ imply (xz, yz) and $(zx, zy) \in \rho$.

(ii) (x_1, x_2) and $(y_1, y_2) \in \rho$ imply $(x_1 y_1, x_2 y_2) \in \rho$.

It is well known that if ρ is a reflexive and transitive binary relation, then (i) is equivalent to (ii).

A binary relation $[\rho]$ is said to be <u>co-compatible</u> if and only if $[\rho]$ is compatible. The strict binary relations ρ_p, ρ_s and ρ_e are co-compatible while ρ_d is not.

<u>PROPOSITION 19</u>. (1) <u>If ρ is a co-compatible binary relation, then the concatenation of two ρ-independent sets is a ρ-independent set</u>.

(2) <u>If ρ is a reflexive binary relation such that $(1,a) \in \rho$ for every $a \in X^*$ and the concatenation of two ρ-independent sets is ρ-independent, then ρ is co-compatible.</u>

<u>PROOF</u>. Immediate.

<u>COROLLARY</u>. <u>A strict binary relation ρ is co-compatible if and only if the concatenation of two ρ-independent sets is ρ-independent.</u>

<u>PROPOSITION 20</u>. <u>Let ρ be a reflexive relation that is co-compatible. Then every ρ-independent set is a code.</u>

PROOF. Since ρ is a reflexive binary relation by assumption, we have $x [\not\rho] x$ for all $x \in X^*$. Now let $A \subseteq X^+$ be a ρ-independent set. Then A, $A^2, \ldots, A^i, \ldots$ are ρ-independent sets, since ρ is co-compatible. Suppose A is not a code. Then there exist $x_i, y_j \in A$ such that

$$x_1x_2\ldots x_m = y_1y_2\ldots y_n$$

for some $m, n \geq 1$ and $x_1 \neq y_1$. We have then

$$x_1x_2\ldots x_my_1y_2\ldots y_n = y_1y_2\ldots y_nx_1x_2\ldots x_m.$$

and

$$z_1 = x_2\ldots x_my_1\ldots y_n \neq y_2\ldots y_nx_1\ldots x_m = z_2$$

where $z_1, z_2 \in A^{m+n-1}$. Hence $x_1 [\rho] y_1$ and $z_1 [\rho] z_2$ and therefore $x_1z_1 [\rho] y_1z_2$ holds. This is a contradiction, since $x [\not\rho] x$ for all $x \in X^*$.

If ρ is a strict co-compatible binary relation, then the family E of the ρ-independent sets A_i is a family of codes with the following properties : (i) E is closed under concatenation ; (ii) Every uniform code (code whose words have the same length) is in E ; (iii) If $A_i \in E$, then every non-empty subset of A_i is also in E.

Conversely, let E be a family of codes A_i having the three preceding properties. Define ρ on X^* by

$$x \,\rho\, y \quad \text{if and only if} \quad \begin{cases} x = y \\ \text{or} \\ \lg(x) < \lg(y) \text{ and } \{x,y\} \notin E. \end{cases}$$

Then ρ is a strict co-compatible binary relation and E is contained in the family of ρ-independent sets.

REFERENCES

GINSBURG, S. (1966), "Mathematical Theory of Context-Free Languages", McGraw-Hill, New-York.

HAINES, L.H. (1969), On free monoid partially ordered by embedding, J. Combinatorial Theory 6, 94-98.

HIGMAN, G. (1952), Ordering by divisibility in abstract algebras, Proc. London Math. Soc. (3), 2, 326-336.

JULLIEN, M.P. (1968). Sur un théorème d'extension dans la théorie des mots, C.R. Acad. Sc. Paris Sér. A 266, 651-654.

LENTIN, A. and SCHÜTZENBERGER, M.P. (1967), A combinatorial problem in theory of free monoids, in Combinatorial Mathematics and its Applications, PROCEEDINGS OF THE CONFERENCE HELD AT UNIVERSITY OF NORTH CAROLINA, 128-144.

LYNDON, R.C. and SCHÜTZENBERGER, M.P. (1962), On the equation $a^M = b^Nc^P$ in a free group, Michigan Math. J. 9, 289-298.

NIVAT, M. (1966), Eléments de la théorie générale des codes, "Automata Theory" (E.R. Caianiello, ed.), Academic Press, New-York, 278-294.

SHYR, H.J. and THIERRIN, G. (1974), Hypercodes, Information and Control, Vol. 24, N° 1, 45-54.

H.J. Shyr and G. Thierrin

Department of Mathematics
the University of Western Ontario
London, Ontario, Canada

Manuscrit reçu le 28 Mai 1976

ol. 460: O. Loos, Jordan Pairs. XVI, 218 pages. 1975.

ol. 461: Computational Mechanics. Proceedings 1974. Edited by T. Oden. VII, 328 pages. 1975.

ol. 462: P. Gérardin, Construction de Séries Discrètes p-adiques. Sur les séries discrètes non ramifiées des groupes réductifs éployés p-adiques«. III, 180 pages. 1975.

ol. 463: H.-H. Kuo, Gaussian Measures in Banach Spaces. VI, 24 pages. 1975.

ol. 464: C. Rockland, Hypoellipticity and Eigenvalue Asymptotics. 171 pages. 1975.

ol. 465: Séminaire de Probabilités IX. Proceedings 1973/74. Edité ar P. A. Meyer. IV, 589 pages. 1975.

ol. 466: Non-Commutative Harmonic Analysis. Proceedings 1974. dited by J. Carmona, J. Dixmier and M. Vergne. VI, 231 pages. 1975.

ol. 467: M. R. Essén, The Cos $\pi\lambda$ Theorem. With a paper by hrister Borell. VII, 112 pages. 1975.

ol. 468: Dynamical Systems – Warwick 1974. Proceedings 1973/74. dited by A. Manning. X, 405 pages. 1975.

ol. 469: E. Binz, Continuous Convergence on C(X). IX, 140 pages. 75.

l. 470: R. Bowen, Equilibrium States and the Ergodic Theory of osov Diffeomorphisms. III, 108 pages. 1975.

l. 471: R. S. Hamilton, Harmonic Maps of Manifolds with Boundary. 168 pages. 1975.

l. 472: Probability-Winter School. Proceedings 1975. Edited by Ciesielski, K. Urbanik, and W. A. Woyczyński. VI, 283 pages. 75.

l. 473: D. Burghelea, R. Lashof, and M. Rothenberg, Groups of tomorphisms of Manifolds. (with an appendix by E. Pedersen) , 156 pages. 1975.

l. 474: Séminaire Pierre Lelong (Analyse) Année 1973/74. Edité r P. Lelong. VI, 182 pages. 1975.

l. 475: Répartition Modulo 1. Actes du Colloque de Marseille-miny, 4 au 7 Juin 1974. Edité par G. Rauzy. V, 258 pages. 1975. 75.

l. 476: Modular Functions of One Variable IV. Proceedings 1972. dited by B. J. Birch and W. Kuyk. V, 151 pages. 1975.

ol. 477: Optimization and Optimal Control. Proceedings 1974. dited by R. Bulirsch, W. Oettli, and J. Stoer. VII, 294 pages. 1975.

l. 478: G. Schober, Univalent Functions – Selected Topics. V, 0 pages. 1975.

l. 479: S. D. Fisher and J. W. Jerome, Minimum Norm Extremals Function Spaces. With Applications to Classical and Modern alysis. VIII, 209 pages. 1975.

l. 480: X. M. Fernique, J. P. Conze et J. Gani, Ecole d'Eté de obabilités de Saint-Flour IV–1974. Edité par P.-L. Hennequin. 293 pages. 1975.

l. 481: M. de Guzmán, Differentiation of Integrals in R^n. XII, 226 ges. 1975.

l. 482: Fonctions de Plusieurs Variables Complexes II. Séminaire ançois Norguet 1974–1975. IX, 367 pages. 1975.

l. 483: R. D. M. Accola, Riemann Surfaces, Theta Functions, and elian Automorphisms Groups. III, 105 pages. 1975.

l. 484: Differential Topology and Geometry. Proceedings 1974. dited by G. P. Joubert, R. P. Moussu, and R. H. Roussarie. IX, 7 pages. 1975.

l. 485: J. Diestel, Geometry of Banach Spaces – Selected Topics. 282 pages. 1975.

ol. 486: S. Stratila and D. Voiculescu, Representations of AF-gebras and of the Group U (∞). IX, 169 pages. 1975.

l. 487: H. M. Reimann und T. Rychener, Funktionen beschränkter ttlerer Oszillation. VI, 141 Seiten. 1975.

l. 488: Representations of Algebras, Ottawa 1974. Proceedings 74. Edited by V. Dlab and P. Gabriel. XII, 378 pages. 1975.

Vol. 489: J. Bair and R. Fourneau, Etude Géométrique des Espaces Vectoriels. Une Introduction. VII, 185 pages. 1975.

Vol. 490: The Geometry of Metric and Linear Spaces. Proceedings 1974. Edited by L. M. Kelly. X, 244 pages. 1975.

Vol. 491: K. A. Broughan, Invariants for Real-Generated Uniform Topological and Algebraic Categories. X, 197 pages. 1975.

Vol. 492: Infinitary Logic: In Memoriam Carol Karp. Edited by D. W. Kueker. VI, 206 pages. 1975.

Vol. 493: F. W. Kamber and P. Tondeur, Foliated Bundles and Characteristic Classes. XIII, 208 pages. 1975.

Vol. 494: A Cornea and G. Licea. Order and Potential Resolvent Families of Kernels. IV, 154 pages. 1975.

Vol. 495: A. Kerber, Representations of Permutation Groups II. V, 175 pages. 1975.

Vol. 496: L. H. Hodgkin and V. P. Snaith, Topics in K-Theory. Two Independent Contributions. III, 294 pages. 1975.

Vol. 497: Analyse Harmonique sur les Groupes de Lie. Proceedings 1973–75. Edité par P. Eymard et al. VI, 710 pages. 1975.

Vol. 498: Model Theory and Algebra. A Memorial Tribute to Abraham Robinson. Edited by D. H. Saracino and V. B. Weispfenning. X, 463 pages. 1975.

Vol. 499: Logic Conference, Kiel 1974. Proceedings. Edited by G. H. Müller, A. Oberschelp, and K. Potthoff. V, 651 pages 1975.

Vol. 500: Proof Theory Symposion, Kiel 1974. Proceedings. Edited by J. Diller and G. H. Müller. VIII, 383 pages. 1975.

Vol. 501: Spline Functions, Karlsruhe 1975. Proceedings. Edited by K. Böhmer, G. Meinardus, and W. Schempp. VI, 421 pages. 1976.

Vol. 502: János Galambos, Representations of Real Numbers by Infinite Series. VI, 146 pages. 1976.

Vol. 503: Applications of Methods of Functional Analysis to Problems in Mechanics. Proceedings 1975. Edited by P. Germain and B. Nayroles. XIX, 531 pages. 1976.

Vol. 504: S. Lang and H. F. Trotter, Frobenius Distributions in GL_2-Extensions. III, 274 pages. 1976.

Vol. 505: Advances in Complex Function Theory. Proceedings 1973/74. Edited by W. E. Kirwan and L. Zalcman. VIII, 203 pages. 1976.

Vol. 506: Numerical Analysis, Dundee 1975. Proceedings. Edited by G. A. Watson. X, 201 pages. 1976.

Vol. 507: M. C. Reed, Abstract Non-Linear Wave Equations. VI, 128 pages. 1976.

Vol. 508: E. Seneta, Regularly Varying Functions. V, 112 pages. 1976.

Vol. 509: D. E. Blair, Contact Manifolds in Riemannian Geometry. VI, 146 pages. 1976.

Vol. 510: V. Poènaru, Singularités C^∞ en Présence de Symétrie. V, 174 pages. 1976.

Vol. 511: Séminaire de Probabilités X. Proceedings 1974/75. Edité par P. A. Meyer. VI, 593 pages. 1976.

Vol. 512: Spaces of Analytic Functions, Kristiansand, Norway 1975. Proceedings. Edited by O. B. Bekken, B. K. Øksendal, and A. Stray. VIII, 204 pages. 1976.

Vol. 513: R. B. Warfield, Jr. Nilpotent Groups. VIII, 115 pages. 1976.

Vol. 514: Séminaire Bourbaki vol. 1974/75. Exposés 453 – 470. IV, 276 pages. 1976.

Vol. 515: Bäcklund Transformations. Nashville, Tennessee 1974. Proceedings. Edited by R. M. Miura. VIII, 295 pages. 1976.

Vol. 516: M. L. Silverstein, Boundary Theory for Symmetric Markov Processes. XVI, 314 pages. 1976.

Vol. 517: S. Glasner, Proximal Flows. VIII, 153 pages. 1976.

Vol. 518: Séminaire de Théorie du Potentiel, Proceedings Paris 1972–1974. Edité par F. Hirsch et G. Mokobodzki. VI, 275 pages. 1976.

Vol. 519: J. Schmets, Espaces de Fonctions Continues. XII, 150 pages. 1976.

Vol. 520: R. H. Farrell, Techniques of Multivariate Calculation. X, 337 pages. 1976.

Vol. 521: G. Cherlin, Model Theoretic Algebra – Selected Topics. IV, 234 pages. 1976.

Vol. 522: C. O. Bloom and N. D. Kazarinoff, Short Wave Radiation Problems in Inhomogeneous Media: Asymptotic Solutions. V. 104 pages. 1976.

Vol. 523: S. A. Albeverio and R. J. Høegh-Krohn, Mathematical Theory of Feynman Path Integrals. IV, 139 pages. 1976.

Vol. 524: Séminaire Pierre Lelong (Analyse) Année 1974/75. Edité par P. Lelong. V, 222 pages. 1976.

Vol. 525: Structural Stability, the Theory of Catastrophes, and Applications in the Sciences. Proceedings 1975. Edited by P. Hilton. VI, 408 pages. 1976.

Vol. 526: Probability in Banach Spaces. Proceedings 1975. Edited by A. Beck. VI, 290 pages. 1976.

Vol. 527: M. Denker, Ch. Grillenberger, and K. Sigmund, Ergodic Theory on Compact Spaces. IV, 360 pages. 1976.

Vol. 528: J. E. Humphreys, Ordinary and Modular Representations of Chevalley Groups. III, 127 pages. 1976.

Vol. 529: J. Grandell, Doubly Stochastic Poisson Processes. X, 234 pages. 1976.

Vol. 530: S. S. Gelbart, Weil's Representation and the Spectrum of the Metaplectic Group. VII, 140 pages. 1976.

Vol. 531: Y.-C. Wong, The Topology of Uniform Convergence on Order-Bounded Sets. VI, 163 pages. 1976.

Vol. 532: Théorie Ergodique. Proceedings 1973/1974. Edité par J.-P. Conze and M. S. Keane. VIII, 227 pages. 1976.

Vol. 533: F. R. Cohen, T. J. Lada, and J. P. May, The Homology of Iterated Loop Spaces. IX, 490 pages. 1976.

Vol. 534: C. Preston, Random Fields. V, 200 pages. 1976.

Vol. 535: Singularités d'Applications Differentiables. Plans-sur-Bex. 1975. Edité par O. Burlet et F. Ronga. V, 253 pages. 1976.

Vol. 536: W. M. Schmidt, Equations over Finite Fields. An Elementary Approach. IX, 267 pages. 1976.

Vol. 537: Set Theory and Hierarchy Theory. Bierutowice, Poland 1975. A Memorial Tribute to Andrzej Mostowski. Edited by W. Marek, M. Srebrny and A. Zarach. XIII, 345 pages. 1976.

Vol. 538: G. Fischer, Complex Analytic Geometry. VII, 201 pages. 1976.

Vol. 539: A. Badrikian, J. F. C. Kingman et J. Kuelbs, Ecole d'Eté de Probabilités de Saint Flour V-1975. Edité par P.-L. Hennequin. IX, 314 pages. 1976.

Vol. 540: Categorical Topology, Proceedings 1975. Edited by E. Binz and H. Herrlich. XV, 719 pages. 1976.

Vol. 541: Measure Theory, Oberwolfach 1975. Proceedings. Edited by A. Bellow and D. Kölzow. XIV, 430 pages. 1976.

Vol. 542: D. A. Edwards and H. M. Hastings, Čech and Steenrod Homotopy Theories with Applications to Geometric Topology. VII, 296 pages. 1976.

Vol. 543: Nonlinear Operators and the Calculus of Variations, Bruxelles 1975. Edited by J. P. Gossez, E. J. Lami Dozo, J. Mawhin, and L. Waelbroeck, VII, 237 pages. 1976.

Vol. 544: Robert P. Langlands, On the Functional Equations Satisfied by Eisenstein Series. VII, 337 pages. 1976.

Vol. 545: Noncommutative Ring Theory. Kent State 1975. Edited by J. H. Cozzens and F. L. Sandomierski. V, 212 pages. 1976.

Vol. 546: K. Mahler, Lectures on Transcendental Numbers. Edited and Completed by B. Diviš and W. J. Le Veque. XXI, 254 pages. 1976.

Vol. 547: A. Mukherjea and N. A. Tserpes, Measures on Topological Semigroups: Convolution Products and Random Walks. V, 197 pages. 1976.

Vol. 548: D. A. Hejhal, The Selberg Trace Formula for PSL (2,ℝ). Volume I. VI, 516 pages. 1976.

Vol. 549: Brauer Groups, Evanston 1975. Proceedings. Edited by D. Zelinsky. V, 187 pages. 1976.

Vol. 550: Proceedings of the Third Japan – USSR Symposium on Probability Theory. Edited by G. Maruyama and J. V. Prokhorov. VI, 722 pages. 1976.

Vol. 551: Algebraic K-Theory, Evanston 1976. Proceedings. Edited by M. R. Stein. XI, 409 pages. 1976.

Vol. 552: C. G. Gibson, K. Wirthmüller, A. A. du Plessis and E. J. N. Looijenga. Topological Stability of Smooth Mappings. 155 pages. 1976.

Vol. 553: M. Petrich, Categories of Algebraic Systems. Vector and Projective Spaces, Semigroups, Rings and Lattices. VIII, 217 pages. 1976.

Vol. 554: J. D. H. Smith, Mal'cev Varieties. VIII, 158 pages. 197

Vol. 555: M. Ishida, The Genus Fields of Algebraic Number Fields. VII, 116 pages. 1976.

Vol. 556: Approximation Theory. Bonn 1976. Proceedings. Edited by R. Schaback and K. Scherer. VII, 466 pages. 1976.

Vol. 557: W. Iberkleid and T. Petrie, Smooth S^1 Manifolds. I 163 pages. 1976.

Vol. 558: B. Weisfeiler, On Construction and Identification of Graph XIV, 237 pages. 1976.

Vol. 559: J.-P. Caubet, Le Mouvement Brownien Relativiste. I 212 pages. 1976.

Vol. 560: Combinatorial Mathematics, IV, Proceedings 1975. Edited by L. R. A. Casse and W. D. Wallis. VII, 249 pages. 1976.

Vol. 561: Function Theoretic Methods for Partial Differential Equation Darmstadt 1976. Proceedings. Edited by V. E. Meister, N. We and W. L. Wendland. XVIII, 520 pages. 1976.

Vol. 562: R. W. Goodman, Nilpotent Lie Groups: Structure and Applications to Analysis. X, 210 pages. 1976.

Vol. 563: Séminaire de Théorie du Potentiel. Paris, No. 2. Proceeding 1975–1976. Edited by F. Hirsch and G. Mokobodzki. VI, 292 pages 1976.

Vol. 564: Ordinary and Partial Differential Equations, Dundee 197 Proceedings. Edited by W. N. Everitt and B. D. Sleeman. XVIII, 5 pages. 1976.

Vol. 565: Turbulence and Navier Stokes Equations. Proceeding 1975. Edited by R. Temam. IX, 194 pages. 1976.

Vol. 566: Empirical Distributions and Processes. Oberwolfach 197 Proceedings. Edited by P. Gaenssler and P. Révész. VII, 146 pages 1976.

Vol. 567: Séminaire Bourbaki vol. 1975/76. Exposés 471–488. I 303 pages. 1977.

Vol. 568: R. E. Gaines and J. L. Mawhin, Coincidence Degree, and Nonlinear Differential Equations. V, 262 pages. 1977.

Vol. 569: Cohomologie Etale SGA 4½. Séminaire de Géométr Algébrique du Bois-Marie. Edité par P. Deligne. V, 312 pages. 197

Vol. 570: Differential Geometrical Methods in Mathematical Physic Bonn 1975. Proceedings. Edited by K. Bleuler and A. Reetz. VI 576 pages. 1977.

Vol. 571: Constructive Theory of Functions of Several Variable Oberwolfach 1976. Proceedings. Edited by W. Schempp and K. Zeller. VI, 290 pages. 1977

Vol. 572: Sparse Matrix Techniques, Copenhagen 1976. Edited by V. A. Barker. V, 184 pages. 1977.

Vol. 573: Group Theory, Canberra 1975. Proceedings. Edited by R. A. Bryce, J. Cossey and M. F. Newman. VII, 146 pages. 197

Vol. 574: J. Moldestad, Computations in Higher Types. IV, 20 pages. 1977.

Vol. 575: K-Theory and Operator Algebras, Athens, Georgia 197 Edited by B. B. Morrel and I. M. Singer. VI, 191 pages. 1977.

Vol. 576: V. S. Varadarajan, Harmonic Analysis on Real Reductive Groups. VI, 521 pages. 1977.

Vol. 577: J. P. May, E_∞ Ring Spaces and E_∞ Ring Spectra. I 268 pages. 1977.

Vol. 579: Combinatoire et Représentation du Groupe Symétrique Strasbourg 1976. Proceedings 1976. Edité par D. Foata. IV, 33 pages. 1977.

Vol. 580: C. Castaing and M. Valadier, Convex Analysis and Measurable Multifunctions. VIII, 278 pages. 1977.